危机时刻
安全逃生

——灾难逃生及灾后心理恢复

魏刚 王云霈 王海梅 王紫玥 / 编著

当灾难与我们不期而遇之时，我们该何去何从？不妨放下手中的事务读读这本书吧！

U0322928

内蒙古出版集团
内蒙古人民出版社

图书在版编目(CIP)数据

危机时刻安全逃生/魏刚等编著. -呼和浩特:内蒙古人民出版社,2013.11(2020.6重印)

ISBN 978 - 7 - 204 - 12601 - 9

Ⅰ. ①危… Ⅱ. ①魏… Ⅲ. ①自救互助 - 普及读物 Ⅳ. ①X4 - 49

中国版本图书馆 CIP 数据核字(2013)第 285997 号

危机时刻安全逃生

作　　者	魏　刚　王云霈　王海梅　王紫玥	
插　　图	王　宁	
责任编辑	罗　婧	
封面设计	宋双成	
出版发行	内蒙古人民出版社	
地　　址	呼和浩特市新城区中山东路8号波士名人国际B座	
印　　刷	日照教科印刷有限公司	
开　　本	710mm×1000mm　1/16	
印　　张	15.5	
字　　数	180 千	
版　　次	2014 年 1 月第 1 版	
印　　次	2020 年 6 月第 4 次印刷	
书　　号	ISBN 978 - 7 - 204 - 12601 - 9/C · 292	
定　　价	29.00 元	

如出现印装质量问题,请与我社联系。联系电话:(0471)3946120　3946169
网址:http://www.nmgrmcbs.com

出版前言

　　我国是世界上自然灾害最为严重的国家之一,灾难种类多、分布地域广、发生频率高、造成损失重。近年来,雪灾、重特大交通事故、地震、火灾、洪水等灾害频繁出现在人们的视线中,造成人员财产损失触目惊心,其中不可抗因素纵然占主要地位,但人们的危机意识淡薄、自救逃生能力差也是不容忽视的问题。同时,灾难给人们带来的不仅仅是财产上和身体上的伤害,在心理上、精神上给人们带来的损害更是具有长期性、隐蔽性。从灾后个人的自杀事件到因谣言与无知而导致的群体性恐慌事件也不再罕见,这给家庭、社会都埋下了很大的隐患。

　　这就是一本介绍逃生自救知识与灾后心理恢复方法的普及性知识读物。本书收集众多权威灾难逃生自救方法,化繁为简,针对较常见灾害给出了易于记忆使用的方法。同时,针对不同人群的不同心理特点,分析灾后他们可能出现的各种心理问题,并给出切实可行的解决方案。

本书作者也是多年从事心理咨询和志愿者工作的专业人士，其中两名作者曾亲身参与"5·12"汶川地震的灾后心理援助工作。在稿件成熟过程中，几位作者经常提及的一个词就是"陪伴"，常年游走于人们心灵深处的他们认为，对于深陷痛苦的人而言，再多的劝慰都不及默默地陪伴更令人安心。所以本书在创作之初就是希望能够以一种陪伴的姿态出现在读者面前。不用晦涩难懂的语言扰乱读者的思绪，不用"站着说话不腰疼"的态度给读者造成压力，而是以直白的语言与读者交流经验，用将心比心的态度给读者一些启发。

　　作为读者，大可不必把本书当做"万全宝书"，只需在您需要寻找一些启示或慰藉时翻开它，相信在心灵与心灵的对话中您一定能收获会心一笑。当然，不论是自救知识体系的建立还是心理的恢复，都是一个系统性的工程，在您需要更多帮助时，不妨主动向专家和心理服务工作者寻求专业化的帮助。同时您也可以加入我们的微博，与作者和广大书友一起交流经验、探寻解决方法。

目 录

第一章 灾难逃生与自救

　　灾难总是那么的难以预料，所以防患于未然才显得更加重要。面对多种多样的灾难，你该如何应对，怎样才能把握住生的机会？翻开本章，你会看到最直接明了的方法，把它们"印"在脑中，也许有一天，这就是你生命中最宝贵的财富。记住，灾难可怕，无知却会令你陷入可悲的境地！

火　灾

> 　　火的使用促进了人类文明的发展,也为人们的生活埋下了巨大的安全隐患,一旦用火不当,导致火灾的发生,就会给人们造成极大的生命财产损失。所以了解火灾、临火不乱是保证安全的重要前提。

一、公共场所火灾

(一)火灾报警常识

　　一场火灾一般要经过初起—发展—猛烈三个阶段。初起到发展一般要经历 5~7 分钟,是灭火最有效的时机。延误了这个时机,火势到了猛烈阶段,通常是难以扑救的。因此,发现火情时,应及时拨打"119"火灾报警电话。

　　在拨通"119"后应报告哪些情况呢?

　　1. 必须报告失火地所在的区县、街道等详细地址。

　　2. 要报告燃烧的主要物质、火势大小和受火灾威胁的物质。

3. 要留下报警人姓名、单位名称、电话号码等情况。

做到以上三点，我们就能迅速、准确地向消防部门传达火情消息。

(二)消防人员到达之前应采取哪些应急措施

1. 对于失火单位或住宅来说，在消防人员还没有到达而我们又力所能及的情况下，应首先组织力量灭火，尽力控制火势的扩大和蔓延。如火势失控或火势不明，应当机立断，切断失火房间或楼层的分路电源，关闭通风管道和门窗，打开排烟阀门，疏通救生通道。

2. 疏散人员时，可利用广播，也可以派人组织、引导建筑物内的人员经由安全通道到达安全地点，防止因乱跑乱逃造成伤亡。

3. 与此同时，在消防人员到达之前，应派人到路口迎接，并迅速组织人员疏通通往失火现场的道路和建筑物周围的消防通道，以便消防车辆、装备顺利到达并展开救援工作。

(三)高楼火灾的避险方法

目前，我国高层建筑火灾日渐增多，而且高层火灾一旦发生，往往蔓延很快，人员逃生困难，大火扑救较难。

发生火灾后，位于火灾现场的人一般会惊慌失措，这时，盲目跳楼等错误的逃生行为极易造成死伤，心态镇定并具备一定消防知识的人反而可以顺利逃生。

1. 细听警报。高层建筑着火后，楼内的广播会告知着火的楼层和安全疏散的路线、方法等。因此，不要一听见有火警，就惊慌失措，盲目行动。打开房门前，先用手背接触房间门，如果门已经热了，则不能打开，否则烟和火就会冲进房间；如果门不热，说明火势还不大，可以通过正常的通道迅速离开房间。离开房间以后，一定要关好房间的门，以防火势蔓延。

2. 勿闯浓烟。如果在逃生时遇到浓烟，一定要停下来，千万不要试图从浓烟里冲出。如果着火层的大火已将楼梯封住，着火层以上的人员无法向下疏散时，被困人员可先疏散到屋顶或相邻未着火的楼梯间,向地面疏散。

3. 积极呼救。当着火层的走廊、楼梯被烟火封锁时,被困人员应尽量靠近当街窗口或阳台等容易被人看到的地方，向救援人员发出求救信号。

4. 防烟进入。等待救援时,要用湿毛巾塞住门缝,防止烟流进室内。如果大楼有中央空调的通风口,也一并塞住。

5. 低身行走,贴地爬行。防止烟雾中毒,预防窒息,一般做法是用湿毛巾、口罩蒙鼻。在烟雾浓烈而地面未铺设地毯、木地板等物时,应该尽量贴近地面爬行撤离。

6. 三层以下可抛软物至楼下,跳楼逃生。处在三层以下的被困位置,当火势危及生命,又无其他方法可自救时,可采用这个方法。较高楼层可选用窗帘、被单、绳索连接逃生。

7. 及时报警。无论身在何地,请一定要记住,不可因惊慌失措而忘记报警。

8. 向上逃离。低楼层发生火灾后,如果上层的人都往下跑,反而会给救援增加困难。正确的做法是向上层逃离,不能因清理行李和贵重物品而延误时间。

9. 关门开窗。起火后,如果逃生通道受阻,应迅速关上房门,打开窗户,设法逃生,不能盲目从窗口向下跳。当困在房内无法逃出,应用湿毛巾或其他干净的织物捂住口鼻,阻挡烟气侵袭,耐心等待救援,并想方设法报警呼救。

10. 勿乘电梯,走下楼梯。高层建筑的供电系统在火灾时随时可能断电,乘电梯就会被关在里面,直接威胁到人的生命,所以,火场逃生千万不要乘电梯。

当衣服着火时,应采取各种方法尽快地扑灭,如水浸、水淋、就地卧倒翻滚等,千万不可直立奔跑或站立呼喊,以免助长燃烧,引起或加重呼吸道烧伤。灭火后,伤员应立即将衣服脱去,如衣服和皮肤粘在一起,可把未粘的部分剪去,并对创面进行包扎。

二、家庭火灾事故

(一)家庭用油着火了怎么办

以食用油为主的家庭常用油若使用不当,容易着火。刚起火时,将切好的蔬菜放入锅中是最简单且不浪费的方法。起火时,要立即用锅盖盖住油锅将火窒息,还可以用沙土、湿棉被、湿毛毯等盖上,或用泡沫灭火器、干粉灭火器扑灭。

(二)家庭液化石油气罐着火了怎么办

家用液化石油气罐着火时,灭火的关键是切断气源。无论是气罐的胶管还是角阀口漏气起火,只要将角阀关闭,火焰就会很快熄灭。火焰不大,可用湿毛巾关闭角阀。着火时间较长,角阀失灵时,可以用湿毛巾等猛力抽打火焰根部,或抓一把干粉灭火剂,顺着火焰喷出的方向撒向火焰。火扑灭后,用湿毛巾、肥皂、黄泥等将漏气处堵住,把液化气罐迅速搬到室外空旷处,交有关部门处理。

(三)家庭的电器着火了怎么办

如果发生电器火灾,首先要切断电源,再使用干粉、二氧化碳灭火器扑救,切忌用水扑救,以免触电。应当注意,保险丝熔断是用电过量的警告，不能换用更粗的保险丝，以免短路时不能及时熔断，引起电线着火。一些家庭在衣柜内装设电灯烘烤衣物，这种做法不可取。同样的道理，电暖炉旁也不要放置易燃物品。

(四)家中火灾如何自救

最关键的是立即报警并积极扑救，以使消防队迅速赶到，及早扑灭火灾。决不能只顾灭火或抢救物品而忘记报警，贻误时机，使本该及时扑灭的小火酿成大灾。

在有人被围困的情况下要先救人。救人时，必须重点抢救老人、儿童和受火灾威胁最大的人。如果不能确定火场内是否有人，应尽快查找，不可掉以轻心。自家起火或火从外部烧起来时，要根据火势情况，组织家庭成员及时疏散到安全地点。

家中失火时要尽一切可能逃到屋外，远离火场，保全自己。达到此目的应做到以下几点：

1. 开门之时，先用手背碰一下门把。如果门把烫手，或门隙有烟冒进来，切勿开门。

2. 若门把不烫手，则可打开一道缝以观察可否出去。用脚抵住门下方，防止热气流把门冲开。如门外起火，开门会鼓起阵风，助长火势，打开门窗则形同用扇扇火，应尽可能把全部门窗关上。

3. 匍匐前行，浓烟从上往下扩散，越接近地面，浓烟越稀薄，呼吸较容易，视野也较清晰。

4. 如果出口堵塞了，则要试着打开窗或走到阳台上，走出阳台时要随手关好阳台门。

5. 如果居住在楼上，而该楼层离地不太高，落点又不是硬地，可抓住窗沿悬身窗外伸直双臂以缩短与地面之间的距离。这样做虽然可能造成肢体的扭伤和骨折，但这毕竟是主动求生。在跳下前，先松开一只手，用这只手及双脚撑一撑离开墙面跳下。在确实无其他办法时,才可从高处下跳。最好利用一些身边一切有用的东西(如被单、床单等物)撕开连接成长绳并拴在家具上,顺绳爬到地上。

6. 如果要破窗逃生,可用顺手抓到的东西(较硬之物)砸碎玻璃,把窗口碎玻璃片弄干净,然后顺窗口逃生。如无计可施则关上房门,打开窗户,大声呼救。

7. 在阳台求救,应先关好与室内相通的门窗,一面等候救援,一面设法阻止火势蔓延。

8. 向木材及门窗泼水防止火势蔓延。用湿布堵住门窗、门缝,以阻止浓烟和火焰进入房间。邻室起火,不要开门,应从窗户、阳台转移出去。如贸然开门,热气浓烟可乘虚而入,使人窒息。睡眠中突然发现起火,不要惊慌,应趴在地上匍匐前进,不要大口喘气,呼吸要细小。

9. 失火时,应尽可能利用室内的水和湿毛巾、布织物等掩住口鼻。如携婴儿撤离,可用湿布蒙住婴儿的脸,用手挟着,快跑或爬行而出。

小贴士

每种灭火器在其说明中都会介绍其适用火灾的范围,这些范围通常用字母表示,所以我们有必要了解每个字母所代表的火灾种类。火灾依据物质燃烧特性,可划分为 A、B、C、D、E 五类。

A 类火灾:指固体物质火灾。这种物质往往具有有机物质性质,一般在燃烧时产生灼热的余烬。如木材、煤、棉、毛、麻、纸张等火灾。

B 类火灾:指液体火灾和可熔化的固体物质火灾。如汽油、煤油、柴油、原油、甲醇、乙醇、沥青、石蜡等火灾。

C 类火灾:指气体火灾。如煤气、天然气、甲烷、乙烷、丙烷、氢气等火灾。

D 类火灾:指金属火灾。如钾、钠、镁、铝镁合金等火灾。

E 类火灾:指带电物体和精密仪器等物质的火灾。

危机时刻安全逃生

洪 水

在我国,大约三分之二的国土面积存在着不同类型和不同危害程度的洪水灾害可能。洪水的巨大破坏力往往会在瞬间给人们的生命财产安全造成损害,因而,防范和躲避洪水灾害就应该是我们每一个人的安全必修课程之一。

一、洪水袭来前该做哪些准备

1.当洪水袭来的时候,对于身在受灾地区范围之内的人们,迫在眉睫的问题就是迅速转移。政府部门会在洪水到来前,提前发出灾害预警,此外还会通过广播、电视等多种手段不间断地向受到洪水威胁的群众传达转移通知,包括转移方式、转移路线和安置地点等内容。

2.接到转移通知后,群众应该服从当地政府或社区的安排部署,有序地进行人员和财产的转移。应该重点指出的是,在向安全地区转移的过程中,慌乱不仅无济于事,还会造成更坏的后果。

3. 洪水到来之前,在有计划地组织转移和撤离的时候,成人可以适当地带一些物品,如家中比较重要的财产,另外还要带一些衣物,最重要的是饮用水和食物。

4. 在紧急逃生的时候,首先要考虑的是如何将人安全地转移出去,而不要过多地考虑带什么东西,以免耽误了最佳的逃生时机。

5. 在必须准备的各类物品中,药品、取火设备等也很重要。同时还要仔细观察,如果发现某个通信设施还能使用,也尽可能地保存好。

6. 如果准备在原地避水,还应当充分利用条件。首先要做熟可供几天食用的食物。同时,还要注意将衣被等御寒物放至高处保存。如果有可能,还应当扎制木排,并搜集木盆、木块等漂浮材料,并加工为救生设备,以备急需。

二、洪水袭来时如何逃生

严重的水灾通常发生在河流、沿海地带以及低洼地带。如果住在这些地方,遇到风暴或暴雨,必须格外小心。许多地区有水灾报警系统,遇到危险,应该迅速报警,警方就会采取行动。遭洪水侵袭时,应按以下方法自救。

1. 洪水到来之前,要关掉煤气阀和电源总开关,以防电线浸水而漏电、失火、伤人。时间允许的话,赶紧收拾家中贵重物品放在楼上。如时间紧急,可把贵重物品放在较高处,如桌子、柜子或架子上,以免被水浸湿。

2. 在洪水到来之前,要采取必要的防御措施,首先要堵塞门的缝隙,旧地毯、旧毛毯都是理想的塞缝隙的材料,还要在门槛外堆放沙袋,以阻止洪水涌入。沙袋可以自制,以长 30 厘米、宽 5 厘米最好,也可以用塑料袋塞满沙子、泥或碎石,放入沙袋。如预料洪水会涨得很高,那么底层窗台外也要堆上沙袋。

3. 如果洪水不断上涨,在短时间内不会消退,应在楼上贮备一些食物及必要的生活用品,如饮水、炊具、衣物等,还要携带火柴或打火机,必要时用来生火。

4. 如果洪水迅速猛涨,你可能不得不躲到屋顶或爬到高树上。此时你要收集一切可用来发求救信号的物品,如手电筒、哨子、旗帜、鲜艳的床单、沾油破布(用以焚烧)等。及时发出求救信号,以争取被营救。用一些绳子或被单,使身体与烟囱相连,以免从屋顶滑下。

5. 不到迫不得已不可乘木筏逃生。乘木筏是有危险的,尤其是对于水性不好的人,一遇上汹涌洪水,很容易翻船。此外,爬上木筏之前一定要试验其浮力,并带食物、船桨以及发信号的工具。

三、汽车落水时如何逃生

(一)汽车未沉没时

在车辆沉没前若有可能应弃车逃生,因为在充满水之前它不会立即沉没。水的压力使车门很难打开,若有机会可以摇下窗玻璃,从中逃出。若车窗关闭,用尖硬的东西如螺丝刀等物扎车门玻璃的下部,它会应声而碎。

(二)汽车下沉后

即使车辆沉入水底,也有办法逃生,因为车厢注水可能需要半个小时。准确时间要看车窗是否打开、车身是否密封及水深程度而定。汽车下沉越深,水压越大,注水就越快。

1. 一开始你要关紧所有车窗,阻止水漏进,不要打开车门。

2. 引擎所在一端会首先下沉,另一端的车顶部会困住一泡空气,可借以活命。

3. 解开安全带。

4. 如有时间,开亮前灯和车厢照明灯,既能看清四周,也有利于救援人员搜索。

5. 伸头进空气泡中呼吸。如果引擎在车头就爬到后座。

6. 来得及的话,关上车内通风管道,以保留车厢内的空气。

7. 逐渐下沉中,车身孔隙会不断进水,到内外压力相等时,车厢内水位才不再上升。这段时间要保持镇定,耐心等待。内外压力不一样时,强行打开车门反而给自己增加难度,减少了逃生机会。

8. 水位不再上升时,深深吸一口气,打开车窗或车门游出去。假如失败了,不妨把挡风玻璃踢开。

9. 把车窗摇下来。如果摇不下,用安全锤把车窗砸碎。如果没有安全锤,你可以用任何坚硬的东西,例如螺丝刀,砸任何一块玻璃。

10. 浮升时慢慢呼出空气。车里和肺里的空气压力跟水压一样,上升时肺里的空气会膨胀,若不呼出过多的空气,就会使肺受损。

四、遭遇山洪该如何避险

除了暴雨洪水之外,我们还可能会遇到在山区发生的山洪。山洪是山区溪沟中发生的暴涨暴落的洪水。它具有突发性、水量集中、破坏力强等特点。因此,一旦在山区中遭遇暴雨,千万不要惊慌,一定要听从有经验人员的指挥,马上寻找高处避灾。应向山脊方向奔跑避洪,不要在危岩和不稳定的巨石下避洪。千万不要在山谷中逗留,因为山谷是山洪暴发的路径。

从灾区被疏散、营救出来以后,首先要解决吃、穿等困难。在解决基本生活保障的同时,我们还应该清醒的认识到:大灾之后要预防大疫。洪水发生后,我们应到卫生防疫部门派出的医疗防疫队那里寻求救治;同时还可以去灾民集中安置区设置的固定医疗点,索取防病治病的药品。

我国易受洪水威胁地带

在我国,洪水的主要分布地区跨越了南北大地,最常见的也是威胁最大的是暴雨洪水。我国暴雨洪水威胁的主要地区分布在长江、黄河、淮河、海河、珠江、松花江、辽河等7大江河下游和东南沿海地区。

泥 石 流

我国山区面积多,加之地形复杂、气候多样,发生泥石流灾害的几率很大。了解泥石流的一些常识,明确泥石流分布区域及预防方法,对保护人民生命及财产安全将起到很好的作用。

一、泥石流和滑坡到来之前有哪些特殊迹象

泥石流和滑坡都发生在山区,而主要是由重力的作用形成,在一定坡度上向下运动。因此,在泥石流和滑坡到来之前,也就是在斜坡或挡土墙向下整体滑动前,我们会发现某些特殊的迹象。

1.山间道路上有塌下的泥石时,就要想到可能会发生泥石流或滑坡了。这时,一定要警觉地及时避开那里,躲到安全的地方。同样,如果发现泥土、岩石、混凝土、砖石碎块以及连根拔起的植物从斜坡及挡土墙坠落而下的时候也要及时离开。

2.斜坡、挡土墙或路面上出现下陷或新的大裂痕,这也是泥石流或滑坡即将到来的一个重要迹象。遇到这种情况，就要迅速撤离，如果可能还要通知附近的其他人。

3. 从斜坡及挡土墙流出的水突然改变颜色，由清澈转为泥浊，这就说明上游可能出现了大的暴雨，而暴雨又是引发泥石流和滑坡最主要的原因。所以，见到这种情况，要及时地撤离，并做好预防工作。同时，如果发现了大量雨水急流于斜坡及挡土墙上，或者在斜坡及挡土墙上突然出现大面积渗水，也要马上撤离。

此外，我们还可能会遇到灰泥或混凝土斜坡护面松脱，或有泥土冲蚀迹象，这也是泥石流和滑坡在到来前给我们提前发出的警告。

二、遭遇泥石流和滑坡时应该怎么做

在山谷中一旦遭遇大雨，要迅速转移到附近安全的高地，离山谷越远越好，不要在谷底过多停留。

在山区、半山区旅行时注意观察周围环境，如听到有异常声响，看到有石头、泥块频频飞落，或向某一方向冲来，表示附近可能有泥石流袭来。如果响声越来越大，泥块、石头等已明显可见，就表示泥石流就要流到，要立即丢弃随身重物尽快向没有发生泥石流的高处逃生，并根据情况及时报告，请求救援。

泥石流的面积一般不会很宽。逃生中，要向泥石流卷来的两侧跑，即横向跑。如泥石流是由北向南，或由南向北前进的，就要向东或向西方向跑。在逃生途中，要用衣服护住头部，以免被石块击伤。如果不幸被泥石流埋住，应尽量使头部露出。为保持呼吸顺畅，应当迅速清除口鼻中的淤泥。

在山区扎营，要选择平整的高地作为营地，尽可能避开有滚石和大量堆积物的山坡下面，也不要选在谷底排洪的通道，以及河道弯曲、汇合处等。

假如必须经过可能发生泥石流的地段时，要听当地的有关预报加以防范。

发现泥石流后，要马上与泥石流呈垂直方向向两边的山坡上面爬，爬得越高越好，跑得越快越好，绝对不能往泥石流的下游走。可躲避在树林密集的地方，因为碎石滚落遇树就会减速，这样伤害会减小。来不及奔跑时要就地抱住树木。

三、我国泥石流在何时何地发生

我国泥石流的暴发主要是因连续降雨、暴雨，尤其是特大暴雨、集中降雨激发。因此，泥石流发生的时间规律是与集中降雨时间规律相一致的，具有明显的季节性。一般发生于多雨的夏秋季节，因集中降雨的时间差异而有所不同。四川、云南等西南地区的降雨多集中在6~9月，因此西南地区的泥石流多发生于6~9月；而西北地区降雨多集中在6、7、8三个月。据不完全统计，发生在这两个时间段的泥石流灾害约占全部泥石流灾害的90%以上。

泥石流的发生受暴雨、洪水、地震的影响，而暴雨、洪水、地震总是周期性地出现。因此，泥石流的发生和发展也具有一定的周期性，且其活动周期与暴雨、洪水、地震的活动周期大体相一致。当暴雨、洪水两者的活动周期相叠加时，常常形成泥石流活动的一个高潮。

从空间上来讲，泥石流主要分布在断裂构造发育、新构造运动活跃、地震剧烈、岩层风化破碎、山体失稳、不良地质现象密集、正负地形高差悬殊、山高谷深、坡陡流急，气候干湿季分明、降雨集中，并多局部暴雨，植被稀疏、水土流失严重的山区及现代冰川(尤其是海洋性冰川)盘踞的高山地区。

四、泥石流在中国分布的主要区域

青藏高原边缘山区。青藏高原南部和东部边缘山区的泥石流，其形成发展与冰川作用过程密切相关，是中国冰川类泥石流的典型地区。不论天气晴、阴、雨，冰川泥石流均有发生，且频繁猛烈而规模巨大。这里有两大活动地区：其一是唐古拉山东段和喜马拉雅山东段山区，以易贡、波密、然乌、察隅为中心；其二是高原西南部山区，以喀喇昆仑山冰川群边缘地带为甚。穿越该区的几条公路沿线，有灾害性泥石流近千条，其中以川藏公路、中尼公路和中巴公路沿线泥石流最为活跃。

横断山区和川滇山区。这里地处青藏高原东南缘，这里是中国降雨类泥石流的典型地区。此外，这里尚有现代冰川分布的高山边缘地带，发育有少量冰川类泥石流。

西北山区。本区包括祁连山、天山和昆仑山山地，这里地处内陆干旱和半干旱区，水源条件不及前述山区充足，泥石流主要靠夏季冰雪融水和山前区局地暴雨激发而成，这里的泥石流呈零星分布，暴发频率比上面两片区域要低。

黄土高原山区。这里地表为黄土覆盖物，质地疏松，植被稀少，沟壑纵横，谷坡破碎，常出现坍塌滑坡，经暴雨激发而成浓稠的泥流。

华北和东北山区。包括秦岭东段的华山地区，河北太行山区，北京西山地区，辽西、辽南和吉南山地。由于上述山地紧临华北平原和辽河平原。这里常发生凶猛的泥石流。其中有些山地因受岩性条件影响，粉砂黏土等细粒物质含量少，多形成非黏性的水石质的泥石流，称水石流。由于松散固体物质积累过程缓慢，每年暴雨中心移动性大，故这些山区泥石流活动频率较低，一般是几年至十几年暴发一次。

中国东南部山区。秦岭、大别山以南，云贵高原以东的中国南方山地，降水丰沛，暴雨或台风雨来势猛烈，特别是江西、广东、福建、台湾和海南岛一带山地,历史上均曾发生灾害性泥石流。近年来,由于东部山区人类生产活动的加剧,泥石流灾害有加重之势。

对于滑坡、泥石流灾害的准确预警有助于防灾、减灾。滑坡、崩塌的预报是由防灾指挥部来完成的。对于滑坡、泥石流的预报,指挥部制定特定的撤离信号,一旦发生险情,我们就可以接收到报警器、鸣锣、吹号等发出的警报信号。这时,我们就要尽快地疏散到安全的高处去。还有些地方,由于几乎每家都有一部手机,指挥部会采用发送短信息的方式把灾害的发生及时地发送到各个受灾地住户。

暴　雪

　　暴雪指自然天气现象的一种降雪过程,它给人们的生活、出行带来了极端不便;暴雪预警信号分为四种:蓝色、黄色、橙色和红色;当暴雪天气来临时当地政府部门应做到暴雪预警信号应急预案,提醒人们做好各方面应对措施。

　　一、对于降雪量,在气象上是有严格的规定的,它与降雨量的标准截然不同。雪量是根据气象观测者,用一定标准的容器,将收集到的雪融化后测量出的量度。气象上对于雪量有严格的规范。如同降雨量一样,是指一定时间内所降的雪量,有 24 小时和 12 小时的不同标准。在天气预报中通常是预报白天或夜间的天气,这主要是指 24 小时的降雪量,暴雪是指日降雪量(融化成水)≥ 10 毫米。

　　二、暴雪预警信号分为蓝色、黄色、橙色和红色预警信号四种。

下面我们先来了解一下这四种预警信号所代表的含义和应对防范措施。

蓝色预警信号：

标准：12小时内降雪量将达4毫米以上，或者已达4毫米以上且降雪持续，可能对交通或者农牧业有影响。

防御指南：

1. 政府及有关部门按照职责做好防雪灾和防冻害准备工作。

2. 交通、铁路、电力、通信等部门应当进行道路、铁路、线路巡查维护，做好道路清扫和积雪融化工作。

3. 行人注意防寒防滑，驾驶人员小心驾驶，车辆应当采取防滑措施。

4. 农牧区和种养殖业要储备饲料，做好防雪灾和防冻害准备。

5. 加固棚架等易被雪压的临时搭建物。

黄色预警信号：

标准：12小时内降雪量将达6毫米以上，或者已达6毫米以上且降雪持续，可能对交通或者农牧业有影响。

防御指南：

1. 政府及相关部门按照职责落实防雪灾和防冻害措施。

2. 交通、铁路、电力、通信等部门应当加强道路、铁路、线路巡查维护，做好道路清扫和积雪融化工作。

3. 行人注意防寒防滑，驾驶人员小心驾驶，车辆应当采取防滑措施。

4. 农牧区和种养殖业要备足饲料，做好防雪灾和防冻害准备。

5. 加固棚架等易被雪压的临时搭建物。

橙色预警信号：

标准：6小时内降雪量将达10毫米以上，或者已达10毫米以上且降雪持续,可能或者已经对交通或者农牧业有较大影响。

防御指南:

1. 政府及相关部门按照职责做好防雪灾和防冻害的应急工作。

2. 交通、铁路、电力、通信等部门应当加强道路、铁路、线路巡查维护,做好道路清扫和积雪融化工作。

3. 减少不必要的户外活动。

4. 加固棚架等易被雪压的临时搭建物,将户外牲畜赶入棚圈喂养。

红色预警信号:

标准:6 小时内降雪量将达 15 毫米以上,或者已达 15 毫米以上且降雪持续,可能或者已经对交通或者农牧业有较大影响。

防御指南:

1. 政府及相关部门按照职责做好防雪灾和防冻害的应急和抢险工作。

2. 必要时停课、停业(除特殊行业外)。

3. 必要时飞机暂停起降,火车暂停运行,高速公路暂时封闭。

4. 做好牧区等救灾救济工作。

三、应对暴雪的 21 条原则:

1. 尽量待在室内,不要外出。

2. 如果在室外,要远离广告牌、临时搭建物和老树,避免砸伤。路过桥下、屋檐等处时,要小心观察或绕道通过,以免因冰凌融化脱落伤人。

3. 非机动车应给轮胎少量放气,以增加轮胎与路面的摩擦力。

4. 要听从交通民警指挥,服从交通疏导安排。

5. 注意收听天气预报和交通信息,避免因机场、高速公路、轮渡码头等停航或封闭而耽误出行。

6. 驾驶汽车时要慢速行驶并与前车保持距离。车辆拐弯前要提前减速,避免踩急刹车。有条件要安装防滑链,佩戴色镜。

7. 出现交通事故后,应在现场后方设置明显标志,以防连环撞车事故发生。

8. 如果发生断电事故,要及时报告电力部门迅速处理。

9. 关好门窗,固紧室外搭建物。

10. 居民要注意添衣保暖,尤其是要做好老弱病人的防寒工作。

11. 外出要采取保暖防滑措施,当心路滑跌倒。

12. 司机要采取防滑措施,注意路况,听从指挥,慢速驾驶。

13. 牧民应将野外牲畜赶进棚圈内喂养。

14. 船舶应到避风场所避风,高空、水上等户外作业人员应停止作业。

15. 处在危旧房屋内的人员要迅速撤出,尤其是遇到暴风雪时。

16. 提防煤气中毒,尤其是采用煤炉取暖的居民。

17. 如被暴风雪围困,尽快拨打求救电话。

18. 公用事业单位根据情况,启动防御工作预案。

19. 交通部门做好道路融雪融冰准备,如遇道路积雪结冰严重,可关闭道路交通。

20. 农业要积极采取防冻措施。在南方,热带、亚热带果树要采取防冻措施。

21. 牧区要备好粮草,做好牲畜的防寒防风工作。

四、在户外遭遇暴风雪的自救方法。

1. 既然来了就要静心处理。保存体力,不要盲动。如果被困在车上,待在车中最安全,随便地离开车辆寻求帮助十分危险。如果没有车子,就需要找个安全点的地方固定下来别走动。如果是集体,可以聚在一起互相取暖,减少热量的流失。当然在有废弃的小茅屋、洞穴里更好。

2. 如果是一人，露天受冻、过度活动会使体能迅速消耗，应该考虑舍弃部分行李，保留体力，在合适的地域挖个雪洞藏身，洞内温度比洞外高。只要是行李中的食物、水源充足的话，是可以坚持几天时间的。

3. 如果是行进中忽然遇到暴风雪，应立刻做好固定保护，注意防止冻伤。时刻关注好帐篷的情况，必要时应加固帐篷。

4. 调整心态，适时休息。遭遇暴风雪时，恐惧、孤独、疲劳的生理容易造成心理负担，必须稳定好自己的心态，正确决定路线极为重要。疲劳时要适时休息，如果是筋疲力尽了，这个时候不要闭眼睡觉，因为许多人一睡下去就不再醒来。应该是走一段，停一段，休息时，手脚要经常活动，手要定时给脸部、耳朵进行按摩。

5. 如果天气允许，最好是尽可能地让身体干燥，因为湿衣服散热比干衣服的散热要容易流失热量240倍。这个240是至关重要的数字。有条件的可以多喝热饮，这样能保持并储蓄更多的体温。

遇到暴风雪，除了上面的措施外，还需要把手电筒、灯笼、蜡烛、打火机放在容易找到的地方。要保证有一套急救用具和所需药品、睡袋和暖和的衣服，以备在不得不去避难所的时候使用。

如何除雪

应避免使用尖锐器具损坏屋面保护膜,降低屋面使用寿命。

屋顶积雪使用撒盐、融雪剂以及消防水枪消除,效果均不明显,有时还会造成荷载加大,目前使用铲子铲除仍是有效措施。

清雪时要注意保持卸载的对称,屋脊两边要同步清理,不要顾此失彼。对于面积较大的房顶,全部清理的工作量太大,建议每隔三米清理一排,只要把荷载减到标准以下就行。

因为未融化的积雪暂时不会结冰,但雪水容易结冰,影响通行。雪水中含融雪剂,市民可用扫帚或铁锹弄到下水道里,不能弄到绿化带内。

便道上的积雪未撒融雪剂,市民更不应该在积雪上堆放垃圾,而应就近将积雪堆在树木周围。

生活小区内清扫积雪,市民可将雪堆放在楼前便道或小区绿化带内,并尽量选择阳面,加快积雪融化。

台风、龙卷风

> 我国是遭受台风等侵害最频繁、影响较广泛的国家之一,每年因此造成的间接经济损失难以估量。作为一个逐步走向海洋大国、强国的我们而言,了解一些相关知识,对于我们做好日常生产生活、保护自我安全等都有巨大的帮助。

一、台风如何自救

1. 台风来临前,人们要及时到安全的地方避风避雨,尽量避免在靠河、靠湖、靠海的路堤或桥上行走,船只要及时回港避风、固锚,船只上的人员必须上岸避风,车辆尽量避免在强风影响区域行驶。

2. 为防止雷击,要迅速切断各类电器的电源。关紧门窗,以免被强风吹开,检查并缚紧容易被风吹到的物件,如窗户等。如遇玻璃松动或有裂缝,要在玻璃上贴上胶条(一些用来保护电器屏幕的保护膜也是很好的选择),以免吹碎后碎片四散。不要在玻璃门、玻璃窗附近逗留。

3. 突遇台风时,迅速进入小屋或洞穴躲避,若没有这种场所时也可以选择没有土崩或洪水袭击危险的安全之处,如高地、稳固的岩石下或森林中均是较安全的避难场所。必须继续前进时,也要弯下身体且不可贸然淋雨,受潮的衣服会夺走体温,造成体力失衡。遇强风时,尽量趴在地面往林木丛生处逃生,不可躲在枯树下。

4. 台风来临之际,狂风大作,暴雨如注。在家避风时应提前做好防范措施,比如关紧门窗防雨、搬移窗台或阳台上的花盆以防砸落等等。

5. 台风来临时,一些大型广告牌极易被刮落,树木、电线杆倒地的情况也极易出现。因此,人们在台风来临时最好不要出门,以防发生被砸、被压、触电等不测。

6. 台风、大风过后,若有玻璃破损,应及时更换。台风、大风可能造成停水、停电等现象,要及时做好维持日常生活的准备工作。

二、龙卷风来时如何逃生

1. 龙卷风袭来时,最安全的位置是地下室或半地下的掩蔽处。如果没有这样的地方躲避就应及时跑出不够坚固的房屋,特别是要远离危险房屋和活动房屋,并向垂直于台风移动轨迹的方向逃离。贵重物品应向楼下转移。可在坚固的家具什物下躲避,但不要待在沉重家具下面。

2. 如果选择在室内避险,则应选择相对安全的房间躲藏。假如龙卷风从西南方向袭来,应到东北方向的房间躲避,并采取面向墙壁抱头蹲下的姿势。据一些科学家调查研究,最安全的位置是与龙卷风来向相反的方向,即东北方向的房间相对比较安全,西南方向的内墙较容易内塌。

3. 要牢牢关紧面朝龙卷风刮来方向的所有门窗,而相对的另一侧门窗则应统统打开。这样可以防止龙卷风刮进屋内、掀起屋顶,并且可以使屋内外的气压保持平衡,防止房屋"爆炸"。

4. 待在屋外易受随风乱飞的杂物的伤害或被卷向空中。当你看到或听到龙卷风即将到来时,避开它的路线,躲在地面沟渠中或凹陷处,平躺下来,用手遮住头部。

5. 龙卷风在移动时,近地的漏斗状云柱上部往往向龙卷风前进方向倾斜,因此见到这种情况时,应迅速向龙卷风前进的相反方向或垂直方向回避,寻找低洼地伏于地面,但要远离大树,以免被压砸。

6. 乘汽车外出时遭遇龙卷风会非常危险。据调查,汽车遇龙卷风时几乎没有抵御能力,许多人死于行驶的汽车内。所以千万不要开着汽车躲避龙卷风,应立即把汽车开到低洼的地方停下。

7. 龙卷风过去之后,继续留心收音机里的最新预报。龙卷风往往是接连而来的。

小贴士

在民间流传着"跑马云,台风临""无风起长浪,不久狂风降"等台风谚语。跑马云的学名叫"碎积云",会发生在台风的外围,势如跑马。见到这种"碎积云"时,就是当地将受到台风侵袭的预兆。"无风起长浪,不久狂风降"的科学根据是台风中心的极低气压和云墙区的大风,常使海面产生巨大的风浪,并向四周传播,由于风力减小和能量消耗,浪高逐渐减小,周期变长,形成涌浪。涌浪传播的速度比台风的转移速度快 2~3 倍。

地　震

我国地处地震多发带，地震发生频繁，但长期以来我国都存在地震知识普及率不高的问题，一旦发生地震往往给国家和社会带来严重后果。因而，了解和掌握一些地震知识对于降低地震带来的损失，保护人民生命财产安全十分有利。

联合国减灾科技委员会的报告中这样描述中国："这是世界上自然灾害最严重的少数国家之一，大陆地震的频度和强度居世界之首，占全球地震总量的 1/10 以上……"

以中国发生的地震灾害为例，中国历史上有记载的地震就高达 8000 多次，其中 1000 多次为 6 级以上地震。自 20 世纪初至今，中国因地震死亡人数占全球因地震死亡人数比例高达 50% 以上。

虽然地震是由自然因素引起的突发事件，属于天灾，但也不是不可以防御的。只要我们掌握了一定的急救知识，就可以在地震到来时自我救助，自我保护。与地震危害相比，无知才是最大的灾难。

一、地震时逃生自救的十个要点

1. 选择夹角避震。

地震发生时，我们应立即选择炕沿下、床前、桌下或重心较低的柜子旁蹲身抱头，以躲避房顶、墙砖等物体的打击。因为这些地方可形成遮避塌落物体的生存空间。但要注意切勿钻到床底下，床和桌子要坚固；衣柜不能是板式的，不要太高，太高可能倾倒。不要钻进柜子或箱子里，因为人一旦钻进去后便立刻丧失机动性，视野受阻，身体受限，不仅会错过逃生机会，还不利于营救。选择好躲避处后应蹲下或坐下，脸朝下，额头枕在两臂上，如需躺卧应尽量蜷缩身体，因为躺卧时人体的平面面积加大，被击中的概率要比站立位大5倍，而且很难机动变位。

2. 选择厨房、厕所避震。

如果你住的是水泥现浇板或水泥预制板屋顶的房子，地震发生时，应立即进入厨房、厕所等处，因为这些地方开间小，有上下水管道连接，既能起到一定的支撑作用，又可能找到维持生存的水和食物，有可能减少伤亡。当躲在厨房、卫生间这样的小开间时，尽量离炉具、煤气管道及易破碎的碗碟远些。若厨房、卫生间处在建筑物的角落里，且隔断墙为薄板墙时，就不要选择它为最佳避震场所。

3. 首先保护自己。

要尽可能多地保存有生力量。地震发生在一瞬间，不容多考虑，应当机立断，先保护好自己，如果有可能顺便再保护别人。只有保存了自己，才有可能去抢救他人。

4. 寻找合适的支点。

当大地剧烈摇晃、站立不稳的时候，人们都会有扶靠、抓住什么的心理,身边的门柱、墙壁大多会成为扶靠的对象。但是,这些看上去挺结实牢固的东西,实际上却是危险的。为防止受伤或摔倒,应选择那些不易活动的、与建筑本身相连接的物体来保持身体平衡。

5. 护住头、口、鼻。

如果自己已经被埋在了废墟下面,千万不要惊慌,要头脑冷静,先用手保护好头部和鼻子、嘴,以免被砸伤和因吸入大量灰土导致窒息。在手能动的情况下,先用手扒掉挤压身体的土石砖块来增大活动空间。如果四肢或上肢被压住不能动弹,就不要盲目挣扎,应注意保存体力。

6. 不要大声呼喊。

当我们被困在废墟时,要立足于自救,千万不要无目的地大声呼喊,要尽量减少体力消耗,你坚持的时间越长,获救的可能性越大。须知被压在里面的人听外面的声音清楚,而外面对里面发出的声音却不易听见。一旦被困,要设法与外界联系,除用手机联系外,可敲击管道和暖气片,也可打开手电筒,将光束对准与外界相通的空隙。

7. 积蓄水源,节省使用。

水是维持生命所必需的。地震后受困在封闭空间时,我们要千方百计找水。没有水要找容器保存自己的尿液饮用;没有尿要找湿土吮吸。要做较长时间等待的准备,液体只作润唇、小饮而绝不可大喝。如果困在里面时间过长,还要找一切可能吃的东西充饥。

8. 加固生存空间。

被埋在废墟里,首要的是保护好自己。要尽快用砖块将身体上方的覆盖物顶住,以防止在余震中把自己砸伤。如果是在较密闭的空间内,你还要设法给自己开出一个出气孔,以防止窒息。

9. 创造逃生条件。

地震受困后,只要能动,就要想方设法钻出去。要寻找可以挖掘的工具,如刀子、铁棍、铁片等用来挖掘废墟。要凭眼睛、耳朵和感觉找准逃生方向,一般来说,哪里可以看到光线、哪里可以听到声音、哪个方向感觉风大就说明那里距外界更近。

10. 坚持就能胜利。

需要强调的是,被埋在废墟里面的人,只要能坚持下去,生存率还是很高的。1976 年唐山大地震时,市区约有 86% 的人被埋压,在极震区约有 90% 以上的人被埋压。以数字计算,在近 70 万市民中,约有 63 万人被埋压,其中死亡近 10 万人,约占被埋压人数的 16%。

二、在户外怎样避震

1. 就地选择开阔地蹲下或坐下,双手交叉放在头上,最好用合适的物件罩在头上。不要乱跑,不要随便返回室内,避开人多的地方。

2. 要避开高大的建筑物,如楼房、高大烟囱、水塔等,特别是要躲开有玻璃幕墙的高大建筑。同时也要注意避开危旧房屋、狭窄的街道等危险之地。

3. 避开高耸或悬挂的危险物,如变压器、电线杆、路灯、广告牌、吊车等。

4. 地震时正在郊外的人员,应迅速离开山边、水边等危险地,以防滑坡、地裂、涨水等突发事件。骑车的下车,开车的停下,人员靠边行走。

5. 地震时,在车内的人会因坠落物砸击车体而受伤,因此要第一时间从车内离开并在靠近车辆的地方蹲下或坐下。这一方法仍属于夹角躲避原理。同理,在停车场时你也不应留在车内,以免垮下来的天花板压扁汽车,给你造成伤害。

6. 切勿躲在地窖、隧道或地下通道内,因为地震产生的碎石瓦砾会填满或堵塞出口。除非它们十分坚固,否则地道等本身也会被震塌陷。

7. 避开立交桥这类的结构复杂的构建筑,不要停留在过街天桥、立交桥的上面和下面。

三、在家中怎样避震

1. 一般来说,大地震从开始震动到结束,时间不过十几秒到几十秒,一旦感觉到地震,应抓紧时间紧急避险。

2. 在地震中,木质建筑物最牢固。木头具有弹性,并且可随震波晃动。同时即使木质建筑物倒塌了,也会留出很大的生存空间,而且,木质材料密度较其他建筑材料要小。砖块材料则会破碎成一块块更小的砖,所以砖块会造成人员受伤。但是,被砖块压伤的人远比被水泥压伤的人数要少得多。因此,当你所在的建筑物的抗震能力较差时,方可考虑从室内跑出去,而住平房时最好尽快跑到室外的空旷地带。

3. 地震时,木结构的房子容易倾斜而致使房门打不开。所以,不管出不出门,首先打开房门是明智之举。

4. 地震发生时不要慌,特别要牢记的是不要滞留在床上,若晚上发生地震,而你正在床上时,你只要简单地滚下床,床的周围便是一个安全的空间。如果你不能迅速地从门或窗口逃离而身边又恰好有沙发或椅子,那就在靠近沙发或椅子的旁边躺下,然后蜷缩起来。不可跑向阳台,不可跑到楼道等人员拥挤的地方去,不可跳楼,不可使用电梯。若地震时在电梯里应尽快离开,门打不开时要抱头蹲下。电梯高速下坠时要一手紧握电梯内把手,整个背部与头部紧贴电梯内墙,并将双膝弯曲来缓冲。

四、公共场所怎样避震

(一)在学校怎样避震

1. 在比较安全的教室里,应迅速用书包护住头部抱头,根据建筑物布局和室内状况,寻找一个可形成三角空间的地方。可以躲避在坚固的课桌下、讲台旁,千万不要拥挤,以免造成踩踏伤亡事件,更不能跳楼。

2. 待地震过后,在老师的指挥下向教室外面转移。

3. 在室外的操场时,可原地不动蹲下,双手保护头部,同时要注意避开高大建筑物或危险物,千万不要回到教室中去。

(二)公共场所怎样避震

1. 就地蹲下或趴在排椅下,避开吊灯、电扇等悬挂物,保护好头部。

2. 千万不要慌乱地拥向出口,避开人流,避免被挤到墙或栅栏处。

3. 在商场、书店、地铁等处应选择结实的柜台或柱子边,以及内墙角等处就地蹲下,远离玻璃橱窗、玻璃柜台或其他危险物品。

4. 在行驶的汽车内要抓牢扶手,降低重心,躲在座位附近。

五、如何寻找和营救被埋压人员

救助被埋压人员要注意这样几个要领:

首先,必须学会寻找被埋人员。

1. 根据知情人提供的情况,进行有目的的搜索定位,留意遇难人发出的呼救信号及信息,如手电筒光、警哨、敲击声、呼喊声、呻吟声等。

2. 通过辨认血迹和瓦砾中人员活动的痕迹追踪搜索,条件允许的话,还能利用训练有素的搜救犬进行快速搜索定位。

其次,要掌握正确的营救方法。

1. 根据房屋结构进行抢救。不要破坏被埋压人员所处空间周围的支撑条件，这样会引起新的垮塌，使被埋压人员再次遇险。正确的处理办法是：有计划、有步骤地利用瓦砾堆中已有的空隙，进行支撑和加固，然后爬到被压人员所在的地点，救出伤员。或者在侧墙凿开缺口，进入被埋人员所在房间。也可以在瓦砾堆外的地面上开凿竖井，下到一定深度后再水平掘进到预定地点。作业时，需配备空气压缩机和风钻、风镐及支撑器材。

2. 在营救被埋人员时，不要用利器刨挖，以保证被埋人员的安全。

最后，营救时应特别注意以下几点：

1. 如尘土太大时，应喷水降尘，以免被埋人员窒息。

2. 尽快打开被埋压人员的封闭空间，使新鲜空气流入；尽快将被埋人员的头部暴露出来，清除其口鼻内的尘土，以保证其呼吸畅通。

3. 对于受伤严重、不能自行离开埋压处的人员，应该先设法小心地清除其身体上和周围的埋压物，再将被埋压人员抬出废墟，切忌强拉硬拖。对饥渴、受伤、窒息较严重的，埋压时间又较长的人员，被救出后，要用深色布料蒙住眼睛，避免强光刺激。救援人员要根据伤势轻重，对伤者进行包扎并送医疗点进行抢救治疗。对于颈椎和腰椎受伤人员，要在暴露其全身后用硬木板担架固定，然后再慢慢移出，并及时送到医疗点。对于一息尚存的危重伤员，应尽可能在现场进行急救，然后迅速送往医疗点或医院。

4. 如果营救被埋压在较高处的人员，可以使用专门的搬运工具，通过绳子平滑地将人员转移到平地，或者利用梯子慢慢地将人员放到低处。如果没有专门工具，也可以就地取材，寻找床板等物制成简易工具运送人员。

六、地震引发的次生灾害

(一)海啸

1. 海啸来临的预兆。

(1)海水会突然下沉,并引起水流向下沉的方向流动,从而出现快速的退潮。

(2)海滩出现大量深海鱼类。由于深海环境和水面有巨大差别,深海鱼类绝不会自己游到海面,只可能被海啸等异常海洋活动的巨大暗流卷上浅海。因此,深海鱼类出现在海面上,是海啸等海洋异常活动的预报。

(3)海面出现异常的海浪。与通常的涨潮不同,海啸是排浪,海啸到来前的排浪非常整齐,浪头很高,像一堵墙一样。

(4)动物有异常行为。科学家认为,地震影响到地下水的流动、地球的磁场、温度和声波。动物比人类更敏感,因此它们能够比人类先感觉到变化。

2. 如何在海啸中逃生。

(1)当你感觉大地发生颤抖时,应尽快远离海滨,登上高处,不要去近处围观海啸。

(2)如果海啸警报响起时你正在学校上课,应听从老师和学校管理人员的指示行动。

(3)如果海啸警报响起时你在家,应召集所有的家庭成员一起撤离到安全区域,同时听从当地救灾部门的指示。

(4)由于开阔海域的海啸波很难被察觉,在海上行驶的当地船只收到海啸预警后不应返港,因为海啸只会导致港口的水面快速变化,带来无法预测的危险水流。如果时间充裕并获得港口管理部门的批准,船只业主可以驾船出海应对海啸。发生海啸时,人们不应留在停靠在港口的船只上。因为海啸往往会摧毁船只吃水线以上部分的所有物体。

(5)如果你在海滩或靠近大海的地方感觉到地震,要立即转移到高处,千万别等到海啸警报拉响了才行动。

(6)海啸来临前同样不要待在同大海相邻的江河附近。因为近海地震引发的海啸的到来时间比外海地震的时间短。

(7)如果海岸线附近有坚固的高层建筑,在来不及转移到高处时,可以暂时到这些建筑的高层躲避。

(8)礁石和某些地形能减缓海啸的冲击力。

(9)因为海啸是一系列海浪,海啸过后其危险性仍会持续几个小时。为了避免成为海啸的牺牲品,人们应一直远离危险区域,直至听到已经安全的消息。

(二)放射性物质泄漏

1. 地震尤其是大地震以及其引发的海啸等灾害,会对核电站的安全运营造成危险,严重者甚至会引发核事故,造成放射性物质泄漏和核辐射。

核电站发生核泄漏事故,是指核反应堆里的放射性物质外泄,造成环境污染并使公众受到辐射危害。

核泄漏对人员的影响表现为核辐射,核爆炸和核事故都有核辐射。

2. 一旦出现核泄漏事件,你要做的第一件事是获取尽可能多的可信的信息,并了解政府部门的决定、通知。为此,应通过各种手段(电视、广播、电话等)保持与当地政府的信息沟通,切忌轻信谣言或小道消息。

第二件事是按照当地政府的通知,迅速采取必要的自我防护措施。

(1)核事故后烟云能飘浮多远很难预测,它取决于风速和其他气象条件。如果在室外,当判断有放射性物质散布事件发生时,你要尽量往风向的侧面跑。在突发事件的早期和中期,隐蔽是主要防护措施之一, 大多数建筑物可使建筑物内的人员吸入剂量降低约一半。

选择就近的建筑物进行隐蔽, 减少直接的外照射和污染空气的吸入。关闭门窗和通风设备(包括空调、风扇、换气扇),但是由于隐蔽一段时间后,屋内空气中的放射性核素浓度会上升,此时应当通风, 以便将空气中的放射性物质浓度降低到相当于室外较清洁的水平。因此,相对于持久的释放而言,隐蔽的防护效果较差,隐蔽时间一般认为不应超过两天。

(2)根据当地政府的安排,有组织、有秩序地撤离现场,以避免或减少来自烟囱或高水平放射性沉积物引起的大剂量照射。

(3)尽量避免外出,留在室内的密闭空间。如果一定要出门,要尽可能缩短外出时间。要用湿毛巾捂住口鼻或戴口罩,并尽量减少裸露的皮肤和空气接触。可用各种日常服饰,包括帽子、墨镜、头巾、雨衣、手套和靴子等对人的体表进行防护。

(4)服碘保护。在核泄漏事故已经或可能导致释放碘的放射性同位素碘 131 的情况下, 将含有非放射性碘的化合物作为一种防护药物服用,可以降低甲状腺的受照剂量。为了使甲状腺受照剂量得到最大限度的降低,在摄入放射性碘以前就应该服用稳定碘,否则就应在此后尽快实施这一措施。如果在摄入放射性碘以前 6 小时内口服稳定碘的话,所提供的防护几乎是完全的;如果在摄入放射性碘的同时服用稳定碘,防护效率约 90%。措施的有效性随措施的拖延而降低,但在摄入放射性碘数小时内服用稳定碘,甲状腺吸收的放射性碘仍可被降低一半左右。

(5) 可采用洗澡和更换衣服来减少放射形成的污染。用水淋浴,并将受污染的衣服、鞋帽等脱下存放起来,等到以后有时间再进行监测和处理。

(6)听从当地主管部门的安排,决定是否需要控制使用当地的食品和水。当食品和饮水中的放射性核素的浓度超过国家标准规定的水平时,应禁止或限制使用这些受污染的食物和水。受污染的食品可采取加工、洗涤、去皮等方法去污,也可在低温下保存,使短寿命的放射性核素自行衰变,以达到可食用的水平。对受污染的水,可用混凝、沉淀、过滤及离子交换等方法消除污染。

(三)防止地震次生水灾

居住在水坝及堰塞湖附近的人员应该防止地震次生水灾。地震可能会造成水坝崩溃直接形成洪水,堰塞湖因地震垮塌也会形成洪水。因此,居住在上述区域内的居民应及时了解震区大坝和堰塞湖的安全讯息,得到预警通知后应立即撤离危险地带。

人们避震应离开大水渠、河堤两岸,以避免遭受洪水袭击。严禁在下游河道搭建抗震棚。

交通遇险

近年来,交通遇险事故频发。这类险情的伤亡有时候并不是因为灾难本身直接造成的,往往是因为逃生知识匮乏导致逃生时机的延误而造成重大伤亡的。所以,掌握正确的交通遇险处置与逃生方法至关重要。

一、汽车

(一)刹车失灵时该怎么办

刹车突然失灵是驾车时可能遇到的一种行车故障。面对这种意外,驾驶员首先要沉着冷静,用手制动或挂低速挡减速。如果停不住,就应该利用天然障碍消耗汽车的惯性,使其被障碍物挡停。此时,车上的其他人千万不要惊慌,而是要抓紧扶手,身体要远离车辆外有障碍物的一侧,不要影响驾驶员操作,更不要跳车。

(二)驾驶中发生爆胎该怎么办

如果在行驶中轮胎突然爆裂,驾驶员应握紧方向盘,不要踩急刹车,尽量使车辆保持直线行驶,用点刹的方式将车辆停放在路边不妨碍交通的地方,并开启危险报警闪光灯,在车后设置警告标志。

(三)车辆失火时该怎么办

汽车在行驶中发生火灾,大多是由汽车发动机附近电线老化引起。此时,要迅速停车并切断电源,让乘车人员迅速下车,取下随车灭火器。要记住这时切不可打开发动机上罩。因为此时火势仍然控制在发动机罩下燃烧,没有形成热对流,可燃物也相对不多,火势燃烧较为缓慢。这时,可用随车灭火器,由发动机罩的缝隙处,对准起火部位喷射灭火,直至扑灭火焰。

当公共汽车发生火灾时,驾驶员应立即靠边停车,冷静果断地疏散乘客、报警求救,并视着火具体部位确定逃生和扑救方法。如果着火部位是公共汽车的发动机,驾驶员应该开启所有车门让乘客下车,然后再组织扑救火灾。

小贴士

0~12岁儿童在乘坐轿车时使用儿童安全座椅可以在发生交通事故时最大限度地保护车内儿童的生命安全。在使用安全座椅时应注意以下四个问题:

1.安全座椅应该依照使用说明书安装,以免遗漏某个重要步骤。

2.安装完应左右上下用力摇晃安全座椅,看看是否稳固,检查安全带位置是否适当,以及是否系紧。

3.儿童安全椅一定要安装在后座,绝对避免贪图一时照顾方便,将座椅放在前座。

4.注意儿童身上绑的安全带有没有扭转翻面情形,有没有固定在儿童肩膀位置。

危机时刻安全逃生

二、火车

(一)安全乘车四大原则

由于安全性高和舒适便捷,火车成为了人们长途旅行的首选。乘坐列车时,应具备一些安全常识和紧急情况的处置方法。

1. 在进、出车站时,应当听从铁路车站、列车工作人员的引导,按照车站的引导标志进、出站。积极配合工作人员做好安全检查,不要携带危险物品、易燃易爆物品上车,以免造成不可挽回的后果。如一时疏忽,不慎将危险品带入车厢,应主动将其上交列车员或乘警处理。如果隐瞒不交,一旦被查出,将会受到严厉处罚。

2. 在站台等候车辆时,应主动站在安全线以内等候。

3. 上车后要主动摆放好自己的行李,在摆放时应注意方不压圆、重不压轻、大不压小的规律,这样在列车颠簸晃动时,就不易发生物品被甩下而砸伤乘客的情况。

4. 列车在进出站过程中,颠簸比较明显,容易出现刹车等意外情况,所以在列车进出站的过程中,乘客不要随意走动,应在座位上坐好,待列车运行平稳后方可走动。

(二)如何在事故中逃生

尽管火车出现事故的概率很小,但如果不幸遇到火车失事,你可能只有几秒钟的反应时间。所以了解一些火车失事自救方法还是很有必要的。火车失事的自救原则主要有以下八点:

1. 趴下来,抓住牢固的物体,以防被抛出车厢。

2. 低下头,下巴紧贴胸前,以防头部受伤。

3. 如座位不靠近门窗,应留在原座,保持不动;若接近车门窗,就应尽快离开,火车碰撞时须抓住牢固物体。

4. 火车出轨前向前进行时,不要尝试跳车,否则身体会以全部冲力撞向路轨,还可能遇到其他危险。

5. 经过剧烈颠簸、碰撞后,火车不再动了,说明火车已经停下,这时应迅速查看肢体状况,如有受伤先进行自救。一般紧靠机车的前几节车厢出轨、相撞、翻车的可能性大,而后几节车厢的危险性则要小得多。车厢连接处是最危险的地方,故不宜停留。

6. 火车停下来后,不要贸然在原地停留观察,因为此时车厢起火爆炸的情况很可能发生。这时你要尽快用逃生锤或重物打碎玻璃逃离车厢。逃生锤一般都被固定在列车车窗旁的位置。

7. 离开火车后,马上通知救援人员。如附近有一组信号灯,灯下通常有电话,可用来通知信号控制室,不然就找电话报警。

(三)火车发生火灾后的逃生方法

1. 火车失事后,如果发生火灾,首先要冷静,不要惊慌失措,切勿盲目跳车,否则无异于自杀。

2. 要迅速冲到车厢两头的连接处,找到链式制动柄,要顺时针用力旋转,使列车停住;或到车厢两头的车门后侧,用力向下扳动紧急制动阀手柄,使火车停下。

3. 如条件允许,要立即关闭车厢,因为列车在运行中,风速特别快,如不关车窗,火势借风会更加严重。

4. 发现火灾无法扑灭时,必须顺列车运行方向撤离,因为在通常情况下,列车在运行中火势是向后部车厢蔓延的。

5. 当起火车厢内的火势不大时,被困人员可从车厢的前后门疏散到相邻的车厢。

6. 当车厢内浓烟弥漫时,被困人员要采取低姿行走的方式逃离到车厢外或相邻的车厢中。

7. 当车厢内火势较大时,应尽量破窗逃生。

列车过道及两端都配有消防器具,一旦发现火情,可就近取用,将火灾消灭在萌芽状态。乘客在遇到车厢起火等突发事件时,千万不可乱喊乱窜,一定要服从乘务人员的指挥,有秩序地迅速撤离到其他车厢。为了确保乘客的安全,不可擅自打开车窗跳车,也不要随意开启车门。这样,大家才有可能安全地脱离险境,不至于因慌乱造成更大的灾难。

三、船舶

(一)当你在海上遇险时,不要紧张,要选择正确的求救方式

1. 海上遇险时可通过船上装备的甚高频、中频或高频数字选呼设备及国际海事通信卫星,向附近船只或岸站发出求救信号。

2. 用手机打求救电话,中国境内求救电话号码为 12395。

3. 用反射镜不停照射。

4. 向海水中投放染料。

5. 发射信号弹。

6. 燃烧衣物等物品。

(二)海上遇险如何自救

1. 在船的主要过道或大厅人流相对集中的地方,都标有安全出口示意图。上船后要注意识别这些标识的位置,以便在遇到非常事态时迅速撤离,赢得时间进行自救。

2. 遇险时首先要调节情绪,必须要保持冷静,千万不可惊慌失措。船长是船的总指挥,客船遇险后,要听从船长的指挥,安全撤离。

3. 客船上都配有救生衣和救生圈，其数量是按船的等级比例配备的。使用救生衣时，救生衣的绳带必须扎紧系牢，以免救生衣被海浪冲走。标准的救生衣都配有救生哨，急促的口哨声表示你需要紧急救助。海上的风浪往往会影响救援船只的速度，因此，在救援人员还没有赶来之前，船员会组织遇险乘客穿好救生衣，到甲板上等待救援船只。

4. 紧急情况下，船长会下令弃船并释放救生艇，组织乘客登乘小艇或救生筏逃生。

5. 要尽量多加衣物，这样，体表与湿衣服之间就会形成一层暖水，衣服能阻止这层暖水与周围冷水对流交换热量，从而有利于保持体温。

6. 弃船跳水时，应选择船身较高、没有破洞的一侧，避开水中漂浮物，尽可能头上脚下垂直跳入水中。同时，还应注意保护口鼻，防止呛水。

7. 如一时找不到可以攀附的漂浮物时，要采取自由漂浮的方法，以保持热能和体力等待救援。

四、飞机

(一)乘飞机时有哪些注意事项

1. 一次完整的空中飞行可以分为起飞、初始爬升、爬升、巡航、下降、开始进场、最后进场和着陆八个阶段，每个阶段在整个飞行过程中所占的时间比例不同，发生的事故的几率也不相同。在飞机起飞后的 6 分钟和着陆的 7 分钟内，最容易发生意外事故，被国际上称为黑色 13 分钟。据航空医学家统计，我国有 65% 的飞机事故就发生在这 13 分钟之内。因此，我们的飞行安全某种程度上也是这 13 分钟的安全。

2. 在放置好行李并落座后，应该利用等待飞机起飞的这段时间,认真阅读放在座椅背袋里的飞行安全知识介绍,并仔细观看安全须知录像和乘务人员的演示。

3. 飞机在飞行过程中,虽然发生飞行事故的几率很小,但也不能因此而放松警觉。失火、机械故障,每一个意外事故都可能导致灾难,飞机在空中常见的紧急情况一般有:

(1)密封增压仓的压力突然降低。

(2)失火。

(3)机械故障。

(二)如何在空难中求生

人们时常能从电视或报刊上看到飞机失事的报道,于是许多人产生了这样的疑问:"坐飞机安全吗?"其实,乘坐飞机发生空难的几率比选用其他交通工具而发生危险的几率要低得多。

如果飞机不是从高空坠落或与超大物体相撞,机上乘客一般不会全部丧生。对这类事故而言,飞机失事后的90秒内是决定机上乘客生与死的关键时间。如何在空难中求生?最好记住以下的注意事项:

1. 起飞时应认真观看乘务员讲解怎样应付紧急事故的演示,并留意机上各种安全设施,例如太平门的使用方法。要把前面椅背袋子里的紧急措施说明拿出来认真看一遍。

2. 一旦飞机失火,乘客要齐心协力将火扑灭。阻挡火势蔓延才能赢得逃生时间。

3. 遇到飞机事故时,死里逃生的第一步是先从座位下取出救生衣,按照规定穿上。然后,查看飞机是要迫降海上还是陆地上。如果要迫降海上,救生衣在机内绝不可事先充气撑开,因为救生衣一旦撑开,在狭窄的机内通道里将无法通行,而变成逃生的障碍。但是,如果要迫降在地面,就得赶快穿上救生衣并迅速使其充气膨胀,以减轻在着地时产生的冲击力。

4. 发生紧急事故时，要听从乘务员的指示，应取下眼镜、假牙、高跟鞋以及口袋里的尖锐物件。

5. 坐在椅子上,将背部紧紧地贴在椅背上,再拿一个枕头放在下腹部,并用安全带紧紧缚住,安全带要缚在腰部,千万不要缚在腹部,以免冲击时使内脏破裂或将身体折成两段。其次,将充气救生衣围在头部周围,再用毛毯包起来,代替安全帽。人最好盘坐在椅子上,这样一旦因剧烈冲击而使椅子向前移动时,身体大部分可以保护在椅子内,不至于被撞死或夹死。

6. 在机组人员的指挥下,尽可能坐在前舱,因为机尾坠毁的可能性较大。

7. 如果有幸躲过了迫降时的冲击,接下来就要赶快逃生。如果机舱内有烟雾,用手巾(最好是湿的,上飞机后一般会发放的)掩住鼻子和嘴巴。走向太平门时尽可能俯下身体, 使头贴近机舱地面,因为浓烟在空气上层,俯身后呼吸较容易。

8. 打开飞机的太平门,充气逃生滑梯会自行膨胀,用坐着的姿势跳到梯上。这时应注意外面是否已陷入火海, 或已沉没在水上。通常滑梯与地面成 40 度角,所以滑下去时千万不要因为怕摔而迟疑。

9. 若迫降在海上,滑落梯就成了救生艇,艇上备有紧急发报机,还备有 3 天左右的干粮,因此不必惊恐。

10. 若滑到地面,要迅速逃离现场,不要折返机上取行李。

应急物品与急救方法

防患于未然是灾难自救的首要保证,所以在平时养成预备应急物品的习惯,并学会一些常见的急救知识,对保证你和他人的生命安全有极大的帮助。

一、自救宝盒

在争取生存的斗争中,往往一些关键的物品可以起到决定性的作用。所以你不妨为自己和家人配备一个装有应急物品的盒子,我们就称它为"自救宝盒"吧!你可以准备一个金属小盒,将一些逃生必备物品放入其中并随身携带或放在易拿取的地方。为了防水还要用长条胶带封禁小盒四周。此外,还要定期检查小盒里的各种小物品,一旦发现哪个失效了,就应及时更新。下面是我们为您列出的"自救宝盒"物品清单,当然你可以根据自己的实际情况增补一些物品。

打火石

即使在潮湿的环境下,火石仍能发挥作用。

小药瓶

你可以选择几个微型药瓶,放入几粒你较常用的药品,并将简易的使用说明塞入其中。

创可贴

最好能够防水,使用前务必将伤口清洗干净。

避孕套

是很不错的水袋,至少可以盛1升水。

手电筒

最好选用那些体积微小、性能稳定、光线尽可能强的手电筒。筒内应装有电池,但头尾要颠倒,这样,即使偶然打开了开关,也不会消耗电池。另外最好选择锂电池,因为它的功率大,使用寿命长。

压缩食品粒

放几块切成粒状的压缩食品在小盒里,尽管它不能让你吃饱,却可以在你最虚弱的时候为你补充一点体力。

刀具

多功能折叠刀非常有用,要选择那种通用的、锋利的、结实耐用并且体积小的。

二、急救方法

如果你可以救助身边的人,那么下面这些基本的急救方法就会使你更得心应手,也会为被你救助的人带来更多生还的机会。

在靠近任何事件的受害者之前,都要检查一下,你的行动是否会对自己构成危险,并且要保护好自己,当心电缆、排气管、坠落物以及其他的危险动物与物品。

(一)人工呼吸救援法

如果你发现伤员的呼吸停止了，应立即除去其呼吸道中的阻塞物，并进行人工呼吸。具体方法如下：

1. 让伤员仰面躺在地上，用手扳住他的下颌将嘴张开，使其头向后仰(防止舌头向后滑，压住呼吸道的入口)，用另一只手捏住鼻孔。

2. 检查口内和喉咙有没有阻塞物。

3. 把你的嘴对着伤员的嘴，不停地吹气和吸气。

当你轻缓地向伤员的肺部吹气时，要密切注意胸部的扩张(如果胸部没有扩张隆起，将病人侧放，在后肩背部捶击，解除阻塞现象)。

4. 当你看到胸部有自然回落时，再进行一次深呼吸，这时，你应该感觉到，或者是听到有气回落。

5. 上述动作尽可能快地重复 6 次，然后每分钟做 12 次，直至病人恢复正常的呼吸。

(二)心脏起搏术

使用人工呼吸的救援方法时，如果你感觉不到对方的脉搏，且在做了 10~12 次人工呼吸后，病人的状况仍没有明显的改善，就应该对其进行心脏起搏术。

把患者调整到一个正确的体位，即必须将患者的头、肩、躯干作为一个整体，让他采取仰卧位，双臂应置于躯干两侧。

帮助患者畅通气道，仰面抬颈。救护者一手置于患者颈后，另一手放在他的前额上，使他的头部稍向后仰，确保气道通畅。并用手指清除口腔壁及其阻塞物，例如假牙等。

确定心脏的位置，摸患者胸骨最下端外突的软骨结，上两指宽作为心脏下的定位线。抢救者跨过患者的头跪下，将一只手的后掌放在患者心脏的下限的定位线胸骨下段，另一只手重叠交叉放在该手背上面,并将手指锁住。

挺直双臂凭借自身重力,通过双臂双手掌垂直下压,使患者胸骨下陷 5~6 厘米为宜,压后迅速抬手使胸骨复位。

依照每分钟 100 次的按压速率,按压 15 次,接着给患者实施两次口对口的人工呼吸,按压心脏和口对口吹气交替着反复进行。

每分钟测患者脉搏一次,一直持续到脉搏出现为止,或直到医疗救助到达为止。

注意:一旦脉搏恢复搏动,马上停止心脏起搏术。如果还有心跳,即使只有微弱的脉搏,也不要按压心脏。否则会导致心脏停止跳动。

(三)烧伤的处置

1. 灭火后立即除去伤者身上燃着的衣物以及各种焦煳的有异味的饰物等,因为它们不易散热,会比火焰本身更有伤害性。

2. 可以用凉水淋湿烧伤的组织来降温,也可以把烧伤的组织浸在缓缓流动的凉水中,至少 10 分钟。

3. 别用任何物品去抚慰皮肤的烧伤处,诸如防腐剂、奶油、牙膏、油脂、凡士林或者其他类似的东西,应该继续降温直至离开水面不会增加疼痛感为止。

4. 降温之后,可以用消过毒的干燥的布块包扎受伤的部位,以防止伤口感染。没有布条时,就顺其自然。在包扎手指或者脚趾受伤的部位之前,应该用布条将每个指(趾)头彼此分开,以防彼此粘连。

5. 硬木的树种,如橡木或山毛榉等的树皮中含有丹宁。树皮加入沸水中熬汤,冷却后可以抚慰烧伤的皮肤。

6. 烧伤后,必须饮用液体来补充体内流失的体液。正确的补液方法是少量多次地饮用凉水,如果有条件,在水中外加半茶匙的盐或者小苏打效果会更好。

第二章 正视灾难

向前一步是荒芜，退后一步是新生。让灾难过去，让幸福到来，别再执着于眼前的不幸，你就会发现，转身间你便能重新拥有幸福美好的生活。

灾难是把双刃剑

灾难无疑是令人害怕的，但如果从另一个角度去看山崩地裂、惊涛骇浪、沙石滚滚，场面一定是非常壮观的，我们一定会惊叹大自然强大的力量。

也许你会说："大家已经历了惨痛的灾害，怎么还会有那个闲心欣赏这等奇观？"是的，作为普通人，笔者也是这样想的。但是，在大自然面前我们人类已然是那么的渺小和无助，轻若微尘，如若一味地沉浸于灾后的恐惧与痛苦中，人生岂不暗无天日？

在泰坦尼克号沉没 100 周年之际，联合国教科文组织将泰坦尼克号的残骸列为世界遗产，并对其进行保护。对于船上的乘客、他们的亲属以及航运界而言，泰坦尼克的沉没无疑是一场巨大的灾难，然而从另一个角度来看，这条巨轮的沉没也是一种"财富"。

据不完全统计，和泰坦尼克有关的物品、电影、旅游、书籍、纪念币、邮票等项目,竟然产生了近 132 亿元的经济效益。在事故发生后的 100 年间,打捞泰坦尼克的努力几乎没有间断过,如今已经有数千件遗物被从海底的残骸中打捞出来。这些历经沧桑的遗物,一方面讲述着当年的故事,另一方面也成了创造新的财富的工具。

任何事情的发生都有它的两面性,灾难给人类带来巨大伤害的同时,也让我们看到了更多东西:

1. 灾难让我们看到了自己在大自然面前的渺小,从而升起对大自然的敬畏;灾难实际上和我们人类有太多的关系,通过灾难可以让人们增强爱护环境、保护环境的意识,更加懂得顺应大自然是人类发展的必由之路。

2. 随着全球人口激增和工农业发展,我们对淡水的需求量日益扩大,加上陆地上有限的淡水资源分布不均匀,世界性水荒已日趋严重。而台风这一热带风暴却为人们带来了丰沛的淡水。台风给中国沿海、日本海沿岸、印度、东南亚和美国东南部带来大量的雨水,约占这些地区总降水量的 1/4 以上,对改善这些地区的淡水供应和生态环境都有十分重要的意义。

3. 灾难让他们看到了人性的光辉,在国家或民族面临灾难之时,曾经无法开释的个人恩怨都可以变得无关紧要,每一个人心中的爱都会被唤醒,曾经老死不相往来的人都可以紧握彼此的手,形成一股无往不胜的力量。

4. 现在的孩子普遍生活条件较好,娇惯现象比较严重,孩子们心理承受力往往很弱。灾难使他们对生与死有了更加直观的感受,对舍身救人有了更贴切的理解,对爱心奉献有了更直接的体会,灾难是对孩子们进行人生观、价值观、吃苦精神、顽强拼搏等方面德育教育的最好时机，灾区那些感人的事件和人物就是最好的教材。

5. 对于灾区的孩子们来说，地震或许让他们失去了家园和亲人，但经历了这样磨难的人，在今后的生活中还有什么会让他们害怕而停滞不前呢？他们的生活为之而改变，他们的命运为之而改变。

面对灾难，最好的办法就是——兵来将挡，水来土掩。这是一种豁达的精神。

我们不知道地球还会出现什么样的"幺蛾子"，更不知道山川河流什么时间会"发脾气"。当灾难避无可避的时候，我们必须勇敢地面对灾难，坚强地承受它带给我们的伤痛。我们经常讲：灾难也是一个课堂，尽管痛苦是主旋律，尽管它给我们的教育是具有毁灭性的，但这就是"涅槃重生"，要么遇火而焚，要么浴火重生。

请记住，如果灾难不可避免，那就勇敢地直面它吧！这就是最好的心理技能。

远离灾区的我们何以解忧

1. 祈祷式的聚合：这是一个非常值得推崇的活动，当知道某地发生了灾难，有爱心的人，可以在居住地为那些受灾的地区和人民进行祈福。如果有死难者，也可以点起蜡烛，建立一个祭悼牌，为他们献上鲜花。这既是对死难者的告慰，也是让没有经历过灾难的人认识灾难的最好方式。

2. 号外传递能量：政府部门与志愿者组织第一时间将灾区的情况以号外报纸的形式传递到更多人的手里，形成"一方有难八方支援"的正能量的社会氛围，也让民众聚集更多的关爱意识。

1. 多难兴邦——中国有句古谚语叫"多难兴邦"。挫折、困境确实可以使人精力耗竭、一蹶不振,乃至精神崩溃,但它也可以助人成熟,把人推向成功。同是挫折,对有些人而言是动力,助人走上人生的良性循环,而对有的人却是阻力,使人陷入困境不能自拔。

2. 并非每一次灾难都是祸,早临的逆境常是福。被克服的困难不但教训了我们,并且对我们未来的奋斗有所激励——当人面临挫折造成的强大压力时,会出现两种应对模式:一种只看到困难、威胁,只看到遭受的损失,后悔自己的行为或怨天尤人,因而整天处于焦虑不安、悲观失望、精神沮丧等负面情绪之中;另一种是面对现实,找出自己遭受挫折的原因,使自尊心、自信心得到增强,从而战胜困境,成为生活的强者。"力量不在别处,就在我们自己身上"。

我喜欢灾难

有一个孤儿曾这样说:"关于灾难,我是真的有点喜欢。因为它虽然让人毛骨悚然,但也让我体会到人生的另一面。"同学们都有温暖的家庭,而他什么都没有,他一直认为人们都看不起他,都鄙视他,是一场灾难,让他感受到了人间的温情。

2003年,当令人闻风丧胆的"SARS"袭来时,他正在读初中二年级，校园内外处处都传播着有关"SARS"的消息，人人自危。为了预防"SARS"，同学们都不回家了，住在学校。聚在一起的孩子们很快忘记了灾难的可怕，快乐地生活在一起。每天都有各种各样的活动，同学们不分彼此地融合在一起，对他来说那是生命中最愉快的一段时光。

后来，老师让大家写一篇关于非典的作文，谈谈对这事的感想。同学们都写了"SARS"是如何可怕，如何要做好预防，唯独他的作文让老师觉得匪夷所思，因为他写的是"我喜欢'SARS'"。是的，他喜欢"SARS"，因为他和同学之间的感情第一次被拉得如此之近，这足以让那位孤儿感动。因为"SARS"，让他感受到了温暖，这感觉是那么真实。因为灾难，人们会抱成一团，没有了平日里的虚情假意，这才是真真实实的人生。是灾难让那泯灭已久的善良的心回归原位。

让心先平静下来

近几年,包括中国在内的世界各地都频发各种严重的灾难,2003 的"SARS"、印尼的海啸、汶川地震、日本福山地震等,媒体对灾区情况的报道对我们这些曾经经历过或未曾经历过灾难的人都有很大的影响,在这种情况下我们该如何快乐地过好每一天?

东晋主持淝水之战取得大胜的宰相谢安年轻时,有一次和朋友出海,突然风浪大作,朋友都很惊慌,唯其神色镇定地说道:"如果这样,我们就真的回不去了。"于是大家安静下来,终于合力将船驶回,而众人也由此感到谢安有"足以镇安朝野"的雅量。

自然灾害的不确定性,往往会造成人们心里的恐惧和忧伤,且呈现"群体化"的蔓延。负面的小道消息往往也会弥漫在各个角落,

危机时刻安全逃生

58

而不愿意成为"悲剧的主角"的心理就会放大。于是,人们就诚惶诚恐地挨日子。无论现实多么残酷,日子还是要一天一天地过下去。此时的正向发展决定着一个地区、一个单位或是一个家庭的重振旗鼓或是"抗灾自救"的结果。没有被接受的现状,就没有可改变的未来。

借用心理学家荣格的"集体无意识"的概念,我认为人在灾害面前的恐慌,是人类在无限的大自然面前从根本上表现出的无知,并因为无知而表现为无能为力的、潜意识的、自然的、不自觉的流露。

只要将这种忧思控制在合理范围内,并辅以追求科学的实际行动,"忧天"就会转化为未雨绸缪。恐慌多来自从众心理,从根本上预防恐慌,就要努力做一个能运用理性独立判断的人,平时就要

小贴士

测测你有恐慌心理吗?

1. 童年时代,你对父母感到恐惧吗?

2. 你时常有无能为力的感觉吗?

3. 你担心自己的工作会丢掉吗?

4. 你常常关心其他人对你的印象吗?

5. 你对具有威慑力的人物感到害怕吗?

6. 你对无害的动物感到害怕吗?

7. 你担心会失去自己心爱的人吗?

8. 你对自己的身体状况担忧吗?

9. 你做决定时的态度是痛苦的吗?

10. 你认为自己是有责任感的吗?

如果以上 10 题,有 7 道回答是"肯定",就可以说明你是有"恐惧感"的,需要做一定的"缓解"。

训练清明理性并积累常识。

1. 志士惜日短,愁人知夜长——别老是用漫漫长夜、无边苦痛折磨自己,须知道无论再黑的夜都会被阳光驱散。

2. 悲观者横向比人生,乐观者纵向攀人生。

3. 人生如长河,总会有曲折,不管多艰险,必将能通过。

4. 心灵是自己的地方,在那里可以把地狱变为天堂,也可以把天堂变为地狱。

5. 宠辱不惊,闲看庭前花开花落,去留无意,漫观天上云卷云舒。

摔碎的牛奶瓶

十几岁的桑德斯经常为很多事情发愁。他常常为自己犯过的错误自怨自艾;交完考试卷以后,常常会半夜里睡不着,害怕没有考及格。他总是想那些做过的事,希望当初没有这样做;总是回想那些说过的话,后悔当初没有将话说得更好。

一天早上,全班到了科学实验室。老师保罗·布兰德威尔博士把一瓶牛奶放在桌子边上。大家都坐了下来,望着那瓶牛奶,不知道它和这堂生理卫生课有什

60

么关系。过了一会，保罗·布兰德威尔博士突然站了起来，一巴掌把那牛奶瓶打碎在水槽里，同时大声叫道："不要为打翻的牛奶而哭泣。"然后他叫所有的人都到水槽旁边，好好地看看那瓶打翻的牛奶。"好好地看一看，"他对大家说，"我希望大家能一辈子记住这一课，这瓶牛奶已经没有了——你们可以看到它都漏光了，无论你怎么着急，怎么抱怨，都没有办法再救回一滴。只要先用一点思想，先加以预防，那瓶牛奶就可以保住。可是现在已经太迟了，我们现在所能做到的，只是把它忘掉，丢开这件事情，只注意下一件事。"

何苦杞人忧天

前不久的雅安地震带走了近200个生命，破坏了家园，还给见证者留下了痛楚。尽管其影响远弱于之前的汶川地震和玉树地震，但它们接连出现，所隔不过三五年，这本身就对人有一种心理上的"破坏力"。近几年接二连三的自然灾害把大家的心搞得一团糟，惶惶不可终日，总在担心下一次的灾难又会出现在哪里。

在我国某个靠近日本的城市里，很多家庭都有亲人定居日本，当日本发生地震并引发海啸后，很多市民不仅为亲人担心，自己也因此而产生了恐慌情绪。渐渐地，这种恐慌情绪甚至"传染"到了那些没有亲人在日本的普通人中，一时间城市心理咨询热线爆满。很多市民一听到"地震""海啸"这样的词就会心慌，城市中重复最多的一句话就是"我们该怎么办"。

西方有一种理念,叫"带病生存",它说的是患有终身性疾病的人在没有走到生命尽头前,与其惶惶然度日,不妨将疾病当做自己的一部分,和它"和平相处",获得平静。面对一场大病如是,面对未知的灾难更应如此。

笔者之所以喜欢"带病生存"这个理念,是因为它让我们改变对灾难与不可抗力的恐惧心理,从接受突如其来的灾难开始,学着面对灾难。表面上看,它是让我们消极接受不完美,其实是为我们打开了走向更好地面对灾难的大门。疾病是陪伴我们一生的"朋友",没有人不生病,晚年或许还要遭遇相对长期的病患;至于在生活之途上卖力前行的"健康"人,又有几个心中没有那么一点点缺口?那些长寿老人,他们往往并无什么秘诀妙法,只是他们更善于和自身的小病小痛和谐共处,悉心维护,互相"妥协"共存。

面对突如其来的意外事件或危险情景时产生高度紧张情绪,心理学上叫"应激反应"。这种反应体现在两个方面,一是生理反应,心跳加快、疲惫不堪,会有吃不好、睡不好的情况;二是心理反应,紧张、担心、害怕、恐惧,情绪低落、注意力不集中、记忆力下降,有的人会惶惶不可终日,甚至会预感到大难临头及产生濒死感。这些身心症状和不安全感严重地影响着人的身心健康,影响着学习、工作和人际交往的效率,也扰乱了人们的生活秩序,降低了人们的生活满意度及幸福指数,因此,学会情绪调节非常重要。

你可以通过以下措施,让这种灾后心理反应得到有效的缓解。

第一,要说服自己接受这种不良的状态,告诉自己这是正常的心理反应。不要认为自己与别人不同,增加心理压力。

第二,要尽快重建自己的心理支持系统。这个时候,最好的办法是回到有亲人和朋友照料的环境中,这样可以让自己很好地松弛下来。没有条件回家的人可以多和家人、朋友联系,多向他们倾诉,来缓解内心的紧张和压力。

第三,要适当地调整工作和生活的节奏。面对痛苦和紧张,人们往往用不停地工作来让自己无暇思考,但此时高强度的工作,又经常会让人产生力不从心的感觉,反而会增加心理压力。所以,不妨放下一些不必要的工作,给自己的神经"松松绑"。

第四,可以考虑增加娱乐和休闲活动,或者去其他地方旅游。离开灾难的环境,在一个全新的环境中让自己的心理伤痛得到缓解。

小贴士

1.当痛苦来临时你可以坐下或躺下,感受自己的身体,把注意力放在身体的某个部位,一点点地转移注意力,感受整个身体,把这种感受记录下来,不受文笔限制,怎么感觉就怎么写。对自己身体觉察力越强,承受痛苦的能力也会增强。任何一次袭来的伤痛,不管多么难过,只要你沉入其中体会它、觉察它,就会慢慢融解或转化。

2.进行自我放松训练:把身体调整到舒服的状态,闭眼,深呼吸三次,想象大脑一片空白,全身都随大脑放松了,默念"1、2、3、4",再大喊一声"哈",循环做10分钟。

3.适度关注有关地震的消息,不要走入高度关注的极端状态。适量做些运动,转移你的注意力,比如散步、逛街、游泳等,随便做你喜欢做的事。

危机时刻安全逃生

1. 人要惧怕痛苦,惧怕种种疾病,惧怕不测的事件,惧怕生命的危险和死亡, 他就会什么也不能忍受的。——永远不要为你不可能掌控的事而提前担忧,有时候像阿 Q 一样安慰一下自己并不可笑。

2. 痛苦与欢乐,像光明与黑暗,互相交替,只有知道怎样使自己适应它们,并能聪明地逢凶化吉的人,才懂得怎样生活。

没有忧伤,一切都是美的

美国旅游休闲胜地新奥尔良素有 "忘忧城" 之称。2005 年 8 月的卡特里娜飓风,给新奥尔良市造成了毁灭性破坏——1836 人遇难,11 万套住房被毁。但是仅一个月后,就开始有本地人返城,还有人在餐馆外摆上餐桌,放起了音乐,在街边架起液化气灶,熬香喷喷的法式浓汤。

2006 年 4 月 29 日,一个名为"新新奥尔良——一片共有的空间"的展览在美国华盛顿举行。来自荷兰和美国的六家设计公司,提出了一些新奥尔良建筑物的重建设计方案,未来的新奥尔良将有全新的防洪堤及运河系统。设计示意图显示,防洪堤及运河系统经重建后合为一体,形成环境优美的、新的滨水公共用地。"卡特里娜"飓风肆虐之后,占地1300亩的新奥尔良市著名的城市公园有超过90%的地方被水淹没,公园内的千余棵树木遭到损毁。荷兰城市设计公司向人们展示了一个复原后的城市公园,那将有成林的树木、巨大的百合花形池塘、公众散步场所和一条蜿蜒河流。

　　灾难之后的美国人没有放弃,新奥尔良将重新被打造成一个更宜居的城市,不仅能够将疏散转移的居民吸引回来,而且还能够吸引新居民,让灾难之后的这座城市更美好。

危机时刻安全逃生

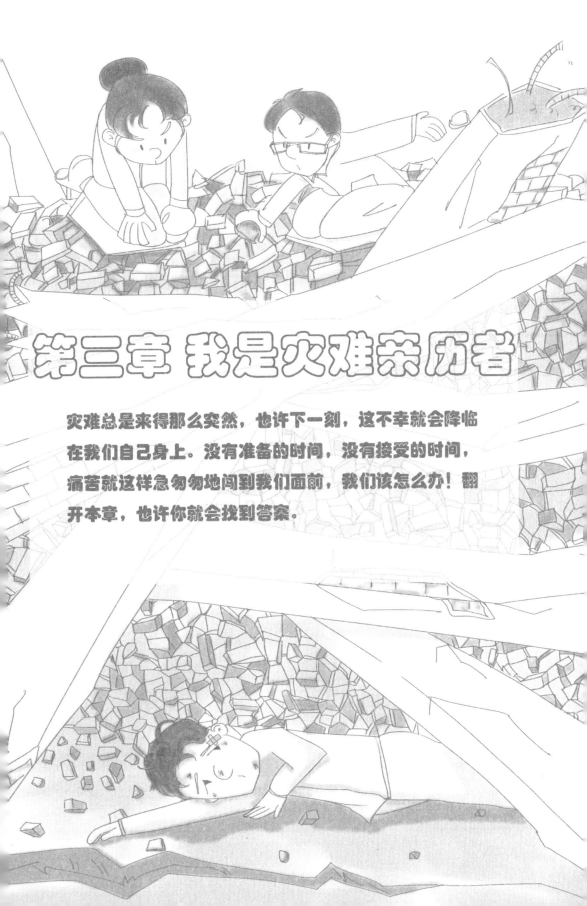

第三章 我是灾难亲历者

灾难总是来得那么突然，也许下一刻，这不幸就会降临在我们自己身上。没有准备的时间，没有接受的时间，痛苦就这样急匆匆地闯到我们面前，我们该怎么办！翻开本章，也许你就会找到答案。

灾难就发生在我眼前

当我们与突如其来的"灾难"相遇时，我们的内心是绝望的、恐惧的、焦虑的、凄凉的、麻木的、难以置信的。在这样大难临头的窘境中一种深深的不平衡会随之而来，"为什么灾难偏偏降临在我的头上？""我无法接受现实给我带来的毁灭性的打击，我该如何面对未来？"

汶川地震之前，龚天秀有一个美满幸福的家庭，日子平静幸福地一天天流淌，谁也不曾料到，一场地动山摇的灾难，猛烈地击碎了所有的美好。

被压在废墟中的龚天秀眼睁睁看着丈夫离开人世，而她自己靠着喝从自己伤口处流出的血支撑到了救援人员到来。当救援因为无法将她被压着的腿抽出而陷入僵局时，她毅然选择亲手为自己截去伤腿。就是这样一位令人敬佩的坚强女性在脱离危险后，却不停地想丈夫,想亲人,想同事,想身边的熟悉的人和事,情绪波动严重,在医院治疗过程中,她死死拉住儿子的手怎么都不肯放开,她跟医生说:"求求你,不要让他走,我只剩他了,千万别让他离开我。"

为什么龚天秀在废墟中能表现出非常顽强的生命力，在她回到一个安全的环境里边,反而变得柔弱了呢?其实这是典型的创伤后应激反应的表现。

在我们没有遇灾的情况下，让我们用剪子剪自己的腿是不可想象的,但是在死亡面前,在求生的状态之下,特别是身体受了很大的创伤后,痛觉会降到很低的状态,这种事情完全可以做到。也就是说人生命力其实是极强的，而且求生的本能力量是非常强大的,当灾难来临时我们会认为能幸存就已经是很幸运的事情。但一旦脱离生命危险,内心的自怜、软弱自卑、哀怨和以自我为中心的自私就会占据心理的上风。

龚天秀对儿子表现出的类似于婴儿对妈妈的依赖，是一种退行性的行为,这种行为除了表现为过分依赖之外,还表现为渴望掌控别人,不能接受再失去任何现有的东西。

我们要敬佩在地震灾难中受难的人们的坚强，但是我们更要去包容和理解他们在恢复到正常生活后的脆弱，因为他们的坚强是求生的本能,而他们的脆弱也是本能,所以当他们回到正常生活的时候,我们不能拿他们在地震的时候的那种坚强来要求现在,而是应该给他们更多的时间,更多的包容和理解,甚至把他们当孩子一样看待。给他们一些关心和照顾,相信一切都会好起来的。

一般来说，看似脆弱的过度依赖行为反而比持续的坚强更有利于心理恢复,因为在灾难之后能有人陪伴,有人可依赖,有人可信赖,可以使当事人感到安全,从而尽快平复心情;反过来说如果一个人在地震当中表现得特别的坚强和勇敢,到了平和的环境且已经脱离了危险,仍然还表现出那样的坚强,而且这种坚强一直持续下去的话,就真的需要专业心理工作者介入辅导了,因为此时的坚强往往并不是真的坚强,而是他始终没有回到正常的生活里。因此龚天秀在废墟中和在医院里的表现都是人的一种正常表现,在不同的环境之下呈现出不同的一面。

其实人性就像一枚硬币,坚强的那一面是国徽,软弱的那一面就是字,一个硬币有两个面才完整。所以,在需要保护与帮助的时候伸出手接受帮助,这不是懦弱,而是重新振作的态度。

小贴士

给你的心理状况打打分

您在最近一周中出现下列情况的频率是怎样的?

1.不管什么情况下,总会有恐惧念头,心情也会随之变坏。2.睡梦中会突然醒来。3.不管做什么事,脑中总会出现所经历灾难的情景。4.情绪低落,易生气。5.危险的情景一在脑中出现,内心就无法安定。6.不想去回忆灾难发生时的痛苦情景,但它总还是要出现。7.老是听到一些奇怪的声响,尽管其他人没听到。8.一想到恐怖的场面,就不敢活动做事了。9.心情不好,不想与人交往。10.神经有些过敏,遇到小事也容易紧张。11.总是试图克制自己不去想痛苦的事。12.不想和人谈论受灾之事。13.目前的情感有些麻木了。14.一不留神,似乎又回到了灾难中,人就会颤抖起来。15.睡眠状况不好。16.情绪不能稳定,起伏大。17.想把受灾的事尽量忘记。18.容易走神,注意力集中困难。19.想起恐怖的场面,就会出汗、心悸、焦虑或呼吸困难等。20.晚上有噩梦出现。21.神经高度警觉,随时提防不测之事出现。22.不想有人和我谈论受灾之事。

评分标准:

没有0分 很少1分 中等2分 较多3分 非常多4分

1.合计得60分以上者,为高危人群,需要紧急的心理救援和治疗。

2.合计得25分以上至59分者,需要及时的心理辅导或定期的心理咨询。

1．当命运一次次把你绊倒时，只要你能够顽强不屈地一次次爬起来，你就已经收获了不可战胜的灵魂。

2．灾难并不可怕，可怕的是不知从灾难中学习。

3．世界上的事情永远不是绝对的，结果完全因人而异。苦难对于天才是一块垫脚石，对能干的人是一笔财富，对弱者是万丈深渊。

那顶帐篷的"魔力"

2008 年 5 月 12 日地震那一刻，我正坐在一辆从甘肃陇南羊庞村开往汉王镇武都区的中型面包车上，当面包车正行驶在汉王镇到武都区的盘山路上时，汽车突然开始颠簸，方向盘失去了控制，司机师傅本能地刹车停住，大声喊着"地震了"，准备开门逃生，可此时车门却推不开。我坐在车上的后排座位上，本能地从车窗往后看了一眼，因为在身后有我赖以生存的村庄，有养育我的父母，有我的儿子，还有我未满月的孙子。

此刻大地颤抖，尘土飞扬，山体滑坡，当我终于推开车门，才发现不知何时自己小便失禁已尿湿了裤腿，两腿不停地抖动，我几乎站不稳，双手扶着车体向我住的村庄的方向望去，远处那些建在半山坡的房屋与山体一同齐刷刷

72

地在向下移动,"完了,全完了",我顿时觉得万念俱灰,眼前一片漆黑。刚刚停止了天塌地陷的震动,司机师傅就扶我上车,说:"咱们掉头回去,回家看看吧。"我就这样糊里糊涂地上了车,很快面包车驶回了汉王镇。这时我好像才定过神来,飞快地拉开车门跳了出来,直奔停放摩托车的地方。我自己都不知怎么骑着走的,更不知道自己是怎么回到村子里的。记忆中我好像只用了几分钟就走完了那段平时要半小时才能走完的山路。离家越来越近了,依稀能够看到房屋,"房子还在,那人呢?"我直接冲进了父母住的屋子里,房间里空无一人,我的头发"嗖"地全部立了起来,我疯狂地找遍了所有的屋子,没有人,没有一个人!我歇斯底里地疯狂怒吼着,奔跑着,寻找着,一遍一遍地呼喊着家人的名字,却得不到回应,在万分恐惧绝望之际,我听到了微弱的婴儿的哭声,我像闪电般循声冲进去,在半坍塌的小屋子里看到了我的家人。看到我进去他们却都不说话,用惊恐的眼睛看着我,不出声,面无表情。我也不敢相信我的眼睛,我并不敢相信他们还活着,虽然他们目不转睛地盯着我,但我还是走过去挨个儿摸了摸他们,喊着他们,这样我才肯定他们还真真切切地活着。接下来我用最快的速度把全家老少从山上安全转移到汉王镇的帐篷中才算松了口气。

他们相对安全了,可是紧接着我的问题出现了。从此我变得极度脆弱,脑海里一遍又一遍重现灾难发生时的可怕情景,听到突然的声音会惊吓得跳起来,不敢再看电视播报的任何关于地震的消息。我不敢离开我们的帐篷半步,每天围着帐篷转圈,不吃饭,不喝水,也不与任何人交流，我的体重迅速下降。就在这个时候，周围人告诉我说，我们这里来了心理危机干预团，家里人就希望我去见见心理专家，也许会有好转。刚开始我不相信什么心理辅导，什么干预专家之类的，我觉得自己神智清楚，我也没受伤，我也时刻准备着保护家人。但最终我在家人的极力劝说之下，还是抱着试一试的态度走进了专家们的帐篷。那顶小小的帐篷竟真的有强大的"魔力"，渐渐地我开始可以正常饮食、睡眠，与人交流都恢复了原先的样子。

后来，当别人问起我的感受时我总是说："怕了就说出来吧，别憋着。"现在想想那段日子，觉得挺后怕的，我觉得，要是我就那么一直死挺着，自己迟早有一天得把自己耗死！

不抱怨地生活下去

痛苦来临时，不要总问"为什么偏偏是我"，因为快乐降临时，你可没问过这问题。灾难的不确定性，让不少人感到痛苦，甚至是愤恨，因为在他们的心中根本不接受这样的现实。

"影子真讨厌！"小猫汤姆和托比都这样想，"我们一定要摆脱它。"然而，无论走到哪里，汤姆和托比发现，只要一出现阳光，它们就会看到令它们抓狂的自己的影子。

不过，汤姆和托比最后终于都找到了各自的解决办法。汤姆的方法是，永远闭着眼睛。托比的办法则是，永远待在其他东西的阴影里。

"为什么偏偏是我？"我们常常在碰到灾难、病痛的时候这样问自己，这也是心情压抑、精神困扰的产物。

因为痛苦的体验，我们不愿意去面对曾经发生过的负面事件。但是，一旦发生过，这样的负面事件就注定要伴随我们一生，我们能做的，最多不过是将它们压抑到潜意识中去，这就是所谓的忘记。

但是，它们在潜意识中仍然会一如既往地发挥作用。并且，哪怕我们对事实遗忘得再厉害，这些事实所伴随的痛苦仍然会袭击我们，让我们莫名其妙地伤心难过，而且无法抑制。这种疼痛让我们进一步努力去逃避。

发展到最后，通常的解决办法就是这两个：要么，我们像小猫汤姆一样，彻底扭曲自己的体验，对生命中所有重要的负面事实都视而不见；要么，我们像小猫托比一样，干脆投靠痛苦，把自己的所有事情都搞得非常糟糕，以为只要一切都那么糟糕，那个让自己最伤心的原初事件就不是那么疼了。

其实真正抵达健康很简单，方法只有一个——直面痛苦。直面痛苦的人会从痛苦中得到许多意想不到的收获，它们最终会变成当事人的生命财富。切记：阴影和光明一样，都是人生的财富！

除了不停地"劝说"自己直面痛苦，我们也可以用音乐让自己平静下来。

早在 1930 年，音乐治疗法就开始出现于医学界，成为一种辅导性的治疗技术。很多例子都证明了音乐对治疗病人的症状具有意想不到的效果。比如肖邦的《夜曲》可以治疗神经衰弱症，莫扎特的《剧场的管理人》可以治疗精神忧郁症，贝多芬的《第八号钢琴奏鸣曲》可以治疗高血压，巴赫的《D 小调双小提琴协奏曲》可以治疗肠胃功能失调。

纽约大学的李奥尼达医生曾播放古典音乐给癌症晚期的病人欣赏，发现音乐能产生止痛效果，许多病人不再依赖止痛药物。堪萨斯大学中心在产房播放音乐，发现产妇所需的麻醉量有明显减少，而生产过程也较快速。有动物实验显示，轻快的音乐能增加乳牛的泌乳量和母鸡的生蛋次数。

音乐治疗学家亚文认为，音乐包括音调、音量和节拍三个部分，快的高音调会导致紧张不安，慢的低音调会带来轻松舒畅，高的音量会产生对抗外物的保护感（所以爱好吵闹的年轻人往往最缺乏安全感）。快节拍可加速心跳和血压，慢节奏可带来安详宁静的悠闲感觉。由此看来，音乐迷大可尝试自己动手"调配"一剂适合自己的音乐药方。

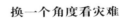

换一个角度看灾难

罗斯福在当选美国总统之前，家里被窃，有个朋友写信安慰他。罗斯福回信说："谢谢你的来信，我现在心中很平静，因为：第一，窃贼只偷走了我的财物，并没有伤害我的生命。第二，窃贼只偷走一部分东西，而非全部。第三，最值得庆幸的是，做贼的是他，而不是我。"

1. 这世界除了心理上的失败，实际上并不存在什么失败，只要不是一败涂地，你一定会取得胜利的。

2. 你脑子里想的什么，你就会去寻找什么。你将会得到你期盼的结果。

非同寻常的平凡女人

1994 年，31 岁的她患上了脑脓肿，医治无效，很快病情恶化，间歇性剧烈头痛，两眼看不清东西，接着右半边身体开始僵硬麻木，近乎瘫痪。单位只能让她下岗了，不久她那老实巴交的丈夫也跟着下岗了。

这时的她，面对的是这样的境况：自身的病仍在继续恶化，连衣食住行也要丈夫照顾，无经济来源，6 岁的儿子即将上学，家里还有一个高位截肢长年瘫在床上的母亲，双方家庭也都过着贫穷日子，难以帮衬，治病没钱不说，最紧要的是连吃饭也成了问题。

这无疑是一种绝境，在这种绝境里，也很少有人能过得去。

她也同样，那段日子，她能想到的办法就是让她这个负担在家里消失，只有自己消失了，丈夫才有可能支撑起已经塌陷的日子，才能让儿子上学、让母亲活下去。她尝试过几种消失的办法，但都没能成功。亲人们的守护让她无法实施她的自杀计划。一个接一个来劝，一个接一个来帮，穷救穷虽然救不活日子但能救活心，她的心在感动中坚韧起来。

平凡的女人，如果在某种突变中一咬牙挺起身来，其坚韧与勇烈就会非同寻常。

几近瘫痪的她，似乎是在一夜之间变了个姿态，一下子乐观起来，早上一起来就笑眯眯的，精神抖擞地喊丈夫："过来！扶我去玩！"

很纳闷的丈夫乖乖扶着她走，听着她的，到了附近的公园。家离公园很近，但她从来没去玩过，灾苦的大山压头了，她反倒有心来玩了。她让丈夫试着丢开她，她跟在晨练跳舞的女人团队后面，比比划划地学了起来，有点羞，有点笨，但开始了就不再停，涨红了的脸上还带着点"壮烈"的神情。丈夫偷偷抹泪，她笑说："你回吧，别羞着你！"

她的晨练就这样开始了，天天练，一练几个小时，从不间断。一是想赶走病魔，二是撑出个喜气，让关心她的人们少点揪心。这一撑还真的胜过求医，很快，她不用丈夫扶着走了，舞呀操呀气功呀也比划得有模有样了，同时也成了公园练友们心疼并佩服的人物。

1998 年春，也是在晨练中，她受到一位大师级人物的关注，这位大师是国家一级美术师、"牡丹王"李松茂。大师关注并打听她已久，被她的善良与坚韧深深感动。那天，大师走近她，笑问："喜欢画画吗？"她看看大师手中的笔和画板，害羞地说："喜欢过……画过山水……"大师带她走近花坛，让她画一朵牡丹。她笑着接过画板就画，但画得实在不怎么样。大师接过笔勾画了几下，纸上牡丹一下子活了。她惊奇，大师这才说："心如画就一定能成画家，你想学吗？"她一下子明白了大师的苦心，跪下，洒泪说出两个字："恩师……"

大师收徒非常挑剔，她是绝无仅有的特例。走进大师的牡丹画室，知道大师是谁之后，她痛快淋漓地哭了一场。她明白这是命运给了她一个新生地，绝境中的奇遇，将完全改变她的人生。

从此前所未有的大拼搏开始了，每天，她晨练之后就去大师的画室学艺三个小时，然后回家发疯地苦练。人们全从担心到惊心了，一个贫苦如山的家，有了画室，有了一个接一个的大书架，有了色彩与墨香，有了铺天盖地的牡丹画，有了富贵天堂般的艺术风景！

谁说平凡女人不能换境出奇？只需一种贫苦加一种点化，她很快成了另外一个她！

短短8年，她出师了。

2006年，她在洛阳开办了两个牡丹画廊，她的牡丹国画卖到了全国各地，并漂洋过海远销美、法、德、日、韩、越南、澳大利亚、新加坡等30多个国家，她成了名副其实的"中国牡丹女王"。她不再是家庭的负担而是栋梁了，病魔依然藏身但却一直不敢发作，她让几近倒塌的家成了富贵之家。她不再是病人而是孝女，每天为卧床的母亲晾晒被褥、捶背、翻身、锻炼，还要相夫教子、收徒传艺。

至2011年，她收徒近200名，从七八岁到七八十岁，从国内到国外，她义务教出的徒弟已有多人参加了国际、国内绘画大赛，连连摘取大奖。2011年6月，她收徒收到了监狱，她说那里也是一种绝境，她相信绝境恰恰能开出绝艳之花，只要心到爱到功夫到。

她就是洛阳"牡丹女王"徐灵霞，从贫苦绝境到辉煌人生，从平常女人到艺术名家，似乎是一种不可思议的奇迹，而奇迹产生的源泉正是生死绝境。多少人由此而沦灭，多少人由此而新生，生死成败只在决断关口的一沉一跃之间。

态度决定未来

> 　　无论什么样的灾难过后，在灾区都会出现一些失落的人，突如其来的灾难，让他们认为自己是最悲惨的人。
>
> 　　破败的家园和亲人的生离死别吓坏了没有任何准备的人，让他们不知道如何收拾这残垣断壁的家和这支离破碎的心。

　　2004 年 12 月 30 日早晨 8 时 30 分，5 岁的胡天戈与爸爸妈妈一道，搭乘飞机从普吉岛回到上海。"我一点也不怕，我们还有很多东西没有玩过呢！"小家伙骄傲地扬起脸，他稚嫩的童声和满脸的自信令周围那些原本脸色凝重的大人们笑了起来。海啸袭来时，胡天戈正和全家在沙滩上玩。突然，他们发现，刚刚退下去的海水转眼间化做巨浪冲了过来。慌乱中，小天戈拉起一起玩的小伙伴的手，拼命地往不远处的山坡上逃去，终于死里逃生。

在如此巨大的灾难中,小天戈靠着自己的坚强和机智化险为夷,令人欣慰。而更加难能可贵的是,他面对刚刚过去的灾难,没有后怕和畏惧,反倒表示还有好多东西没有看够,以后还要去普吉岛。这种乐观开朗的态度让人很受鼓舞。这场突如其来的灾难使数万人在瞬间失去了宝贵的生命,而我国也有同胞不幸遇难、受伤和失踪,归国游客都是大难不死的幸存者,他们已经几天没有合眼,害怕又回想起那恐怖的一幕,他们中的很多人或许不会有胡天戈那样的想再去一次的勇气。而即便是胡天戈,如果再大一点,能够领会灾难的含义,没准也不敢再去了。这是人之常情,谁也不愿意重返伤心之地,回忆痛苦往事。但对于其他国人来说,我们是否还有勇气踏上普吉岛呢?

事实上,我们讲这个故事并非只是赞扬小天戈"初生牛犊不怕虎",而是要告诉世人,海啸是个意外,灾难无处不在,你可以被吓哭,但不能被吓倒,而生活态度依旧应当积极向上。

如果你能坦然面对灾难并迅速回归正常生活,那自然是再好不过的事情,但如果灾难影响了你的生活,不妨试试用冥想的方式让自己恢复平静吧。

人在灾后紧张、惊恐的状态下,就很难让治愈的能量涌入体内,而冥想对身体的益处已经得到充分证明。它有助于降低血压、脉搏以及血液中应激激素的水平,或者使这些指标保持正常。如果经常进行冥想,其益处还会成倍增加。简单来说,它能够降低身心的损耗,从而帮助人们活得更长、更好。

冥想的方法很简单,你可以随时闭上眼睛,做两三次深呼吸,然后释放掉所有紧张情绪。如果时间允许,你可以静静地躺下或坐下,"劝说"你的身体放松,对自己默念道:"我的脚趾正在放松,我的脚心正在放松,我的脚正在放松。"以此类推,一直"劝"遍全身的每一个部位。当然你也可以按照从头到脚的顺序说,或者干脆从你认为最需要放松的地方开始。

做完这个简单的练习后,你会感受到片刻的宁静与安宁。经常重复这一过程可以让你拥有平和的心态,这是一种非常积极有效的身体冥想,做起来不受场地限制。对于受灾的人们,只需静静地坐下或躺下,闭上眼睛,做几次深呼吸,身体会自然而然地放松下来;可以重复念叨"治愈""平静""爱"或任何对自己有意义的词。甚至可以说:"我爱自己"或者"一切皆好,凡事皆最有利于我,这种局面定会有一个好结果,我是安全的"。冥想的效果往往是慢慢显现出来的,不要操之过急,顺其自然。请记住,思考是头脑的本性;你永远无法让自己彻底摆脱胡思乱想。任由这些念头在心中涌动吧!你也许会注意到:"哦,我现在满脑子都是恐惧的、愤怒的、绝望的或者其他念头。"不要给这些念头丝毫的重视,让它们像夏日清空中的浮云一般掠过你的头脑。

冥想是一个积累的过程:你越经常练习,放松所带来的益处就能越多地体现在你身上。

对灾民心理援助的内容

(1)一定要满足他们基本的食物及避难场所的需要以及一些紧急医疗救护,告诉他们目前所提供救援服务的种类及所在位置,引导他们得到可以获得的帮助。

(2)对愿意分享他们的故事和情感的生还者,一定要聆听,但不要强迫他们做任何事。

(3)尽量帮助他们联系朋友及亲人。

(4)尽量让一家人待在一起,尽可能地让孩子与父母及其他亲人在一起。

(5)一定不要只给简单的安慰,比如"一切都会好起来的"或者"至少你还活着"等。

(6)一定不要告诉他们你个人认为他们现在应该怎么感受、怎么想和如何去做,以及之前他们应该怎么做。

(7)一定不要空许诺言。

1. 失败也是我需要的，它和成功对我一样有价值。

2. 未来是光明而美丽的，爱它吧，向它突进，为它工作，迎接它，尽可能使它成为现实吧！

"小鸡腿"尼克的故事

尼克·胡哲生于澳大利亚，他天生没有四肢，这种罕见的现象医学上称为"海豹肢症"。然而不可思议的是，骑马、打鼓、游泳、足球，尼克样样皆能，在他看来世上是没有难成的事的。他拥有两个大学学位，是一家大型企业的企业总监，于2005年获得"杰出澳洲青年奖"。他为人乐观幽默、坚毅不屈，热爱鼓励身边的人，年仅31岁的他几乎踏遍世界各地，接触逾百万人，激励和启发他们的人生。

尼克·胡哲出生于1982年12月4日。他一生下来就没有双臂和双腿，只在左侧臀部以下的位置有一个带着两个脚趾头的小"脚"，他自称"小鸡腿"。

看到儿子这个样子，他的父亲吓了一大跳，甚至忍不住跑到医院产房外呕吐。他的母亲也无法接受这一残酷的事实，直到尼克·胡哲4个月大才敢抱他。

待尼克长大一些后，父母开始教他用两个脚指头打字。后来，父母把尼克送进当地一所普通小学就读，但是由于尼克行动不便，父母不在身边时尼克难免受到同学的欺负。"8岁时，我非常消沉，"他回忆说，"我冲妈妈大喊，告诉她我想死。"10岁时的一天，他试图把自己溺死在浴缸里，但是没能成功。在这期间父母一直鼓励他学会战胜困难，他也逐渐交到了朋友。直到13岁那年，尼克看到一篇刊登在报纸上的文章，介绍一名残疾人自强不息，给自己设定一系列伟大目标并完成的故事。他受到启发，决定把帮助他人作为人生目标。

经过长期训练，残缺的左"脚"成了尼克的好帮手，它不仅帮助他保持身体平衡，还可以帮助他踢球、打字。"我管它叫'小鸡腿，'"尼克开玩笑地说，"我待在水里时可以漂起来，因为我身体的80%是肺，'小鸡腿'则像是推进器。"尼克在美国夏威夷学会了冲浪。他甚至掌握了在冲浪板上360度旋转这样的超高难度动作。由于这个动作属首创，他完成旋转的照片还刊登在了《冲浪》杂志封面上。"我的重心非常低，所以可以很好地掌握平衡。"他平静地说。

由于尼克的勇敢和坚韧，2005年他被授予"澳大利亚年度青年"称号。

这就是尼克的故事，这些事在他看来平常得很，但不知道你会不会因此而鼓起生活的勇气？

第四章 我能为你做些什么

面对被灾难伤害的人们、面对与我们一同陷身险境的人们，我们能做些什么？是鼓励、是安慰还是陪伴？答案就在这里等你找寻！

房子没了家却还在

　　一场灾难，会令无数家庭多年奋斗的结果化为泡影，失去了辛辛苦苦建造的房子，失去了赖以生存的物质财富之后，每一个人都会觉得无以为继。这时候，很多人会出现对未来生活失去信心，认为一无所有的自己将无法继续生活下去的心态。有的人选择逃避，因为他们觉得自己半生的努力换来的财富，失去之后，自己就没有时间和机会再重新把他们挣回来。这就是为什么一个有着天才经营头脑的人一旦破产就很难再重新站起来的原因所在。

　　洪水来的时候，王强一家三口已经被疏散到高处，远远望到家乡的小河，一点点变成一条大河。河水没过了庄稼，没过了家乡的小路，远处似乎有滚滚的声响，越来越大，洪水就像一条腾跃的巨龙呼啸而至。转眼间，村口的牌楼就给冲走了，眼看着洪水在村子里蜿蜒前行,势不可挡。孩子紧紧抱着她的脖子,"妈妈,妈妈我们家的房顶也看不到了,怎么办啊!"看着家里今年才盖起的二层小楼,在洪水的咆哮声中坍塌在水里,孩子哭、大人哭,整个世界好像都在这样悲壮的情境下无能为力。王强的媳妇紧紧抱着孩子,全身发抖,却不知道说什么。泪水与雨水一同任意流淌,心中的悲楚与天一样没有晴日。一家三口伫立在那里。

灾后满目疮痍,看到江河破碎,家园毁损,让每一个亲身经历的人无不为之难过掉泪,有些人守着家人却苦不堪言,整天困在痛苦的内心世界里。为了让他们尽早从这样的情绪里出来,需要什么办法呢?答案很简单,让他们知道他们并不是一无所有!想要做到这一点,就要为他们营造一个"富足"的环境。当然,这里所指的富足并不是物质层面上的,而是心理层面上的。

具体来讲,你可以在他们精神相对稳定的时候,召集全体家庭成员与他们谈一次心,让他们看到在这样一场几乎毁灭了一切的灾难中,他竟然幸运到没有失去任何一个亲人,接下来,请握住他的手,这样的肢体接触可以使他们感受到安全感。然后,你可以告诉他:"咱们一家子都在这里,咱们没有失去一个亲人,你不觉得咱们已经太幸运了吗?"这时你可以伸出手给他看,并告诉他:"你再看看,咱们的双手还可以工作,咱们的脑子还能想到挣钱的点子,这不都是财富吗?刚毕业那会咱不一样穷得连菜都买不起吗?咱是比那会老了,可咱家里还比那会儿多了好几个能工作的孩子呢!"照这样根据自己的实际情况,给需要帮助的亲人以实际鼓励,往往会使他们重新鼓起斗志。因为尽管我们不提倡这种"别人比我们还惨"的思想,但人有的时候就是这样,当你比别人拥有得多的时候,心里的痛苦就会减轻。

你也可以把临时的住所尽量布置得满当一点，想要达到这一点，鲜花和各种工艺品就是一个很好的选择。快乐是可以传染的，当一个人的身边充满积极的、平静的正能量的时候，负面的情绪就会随之减少。

当你不得不谈论经历的这场灾难时，千万不要让他们感觉到你在回避、躲闪，要知道你的坦然才会让他坚定信心，你们可以一同加入到灾后清理工作中，有实质性的事情可做的时候，人也就不会心慌了。

　　每次灾情过后，政府都会组织抢救物资资料的工作，有时候你能在旧房址上挑拣出很多有用的东西，每家银行也会根据实际情况，采取相对应的办法为你补办银行存款凭证。所以谨记，国家比你更不希望你一无所有。

1. 人生只有走出来的美丽，没有等出来的辉煌。

2. 在人生的道路上，即使一切都失去了，只要一息尚存，你就没有丝毫理由绝望。因为失去的一切，又可能在新的层次上复得。

3. 自暴自弃便是命运的奴隶，自强不息是生命的天使；我不想用别人的汗水浇灌自己的心灵,我不愿意用别人的棉袄,来温暖自己的躯体。我只想堂堂正正地做人,我只愿光明磊落地做事,该记得的我不会遗忘,该遗忘的我不会存放。

只要你们都在

"5·12"汶川地震,赵斌全家四口人幸免于难,他的妻子在房屋倒塌的那一瞬间把八岁的儿子从房子里拉了出来,自己却被倒塌的门梁压断了一条腿,而正在市区购物的赵斌和大女儿没有受到此次地震的伤害。当赵斌回到家看到房子被夷为平地,心里说不出的难过。他第一时间想到的是只要妻子和儿子平安无事就是最大的万幸,所以他和女儿呼喊着妻儿,这时他看到儿子从远处向他跑过来,呼喊着说:"妈妈动不了啦。"赵斌三步并作两步飞快地来到了夷为平地的院子里,看到妻子躺在院子中间表情痛苦地望着他,他哭泣着跑过去抱住妻子说:"活着就好,活着就好,谢谢菩萨保佑。"

几天后,在临时搭建的帐篷医院里,赵斌和两个孩子围坐在刚刚做完截肢手术的妻子身边,神情激动地和周边的人说:"只要家人在,即使没有了一切,我们也是幸福的,家可以重建,只要你们在。"

危机时刻安全逃生

尽快重建也是
心理恢复的好办法

看着一片废墟的家园，人是无论如何也无法平静下来的，所以尽快恢复正常的生产生活，让废墟彻底消失，有时候真的不失为一个好办法。

著名侨领，俄罗斯中国和平统一促进会主席温锦华先生，"5·12"期间来青川灾区一月有余。当初他冒着零下四十几摄氏度的严寒，三进西伯利亚林场木区，将优质樟松型材争取到四川，投入到灾后农房重建中来。很多人不理解他的行为，面对质疑，他总是微微一笑说："我认为，重建关系到灾区的明天，关系到灾区人民心灵家园的建设，所以就来了。"

后来的事实也表明，正因为青川地区家园的重建是最快的，所以灾后创伤后遗症的抽样调查的结果明显低于其他地区。

　　每当重大灾情出现后,新闻媒体重复最多的一句话就是"帮助灾区群众尽快恢复生产生活秩序"。只有尽快将灾难现场清理出来,人们才能尽快开始重建家园的工作,也才能尽快地开始重建家园的工作并在新房子里开始新的生活。

　　不要以为人类心灵的空间很小,装得下过去就放不进未来。其实,把握现在、争取未来是人类最原始的心理,没有人是真的愿意一生都生活在痛苦中的。如果你有机会听到那些轻生者的心语,你就会发现,只要他们能找出一点活下去的理由,他们都不会选择放弃生命,而他们选择死亡,从根本上来说也只是因为他们认为死是一条可以解除痛告的途径。你听,有多少轻生者都会说:"来生我一定不会……"现在你总该明白了吧,死亡对于绝望而言不过是了却今生之烦恼,重新开始生活的方法而已。

　　所以作为灾害的亲历者而言,组织他们重新盖起房子、重新开始工作,就是给予他们最好的心理救助。而最直接的方法就是第一时间为他们送上生活用品,当生活不再困窘的时候,他们的心也就自然而然地安定下来了。

　　接下来,当搜救发掘工作结束后,我们可以尽量让受灾者回到房屋旧址前,抢救出还能有利用价值的物品。当他们为盖房子的钱而发愁的时候,我们不妨主动给予经济帮助,你的一个慷慨解囊的行动很可能胜过千言万语的安慰,因为,你给他的是开始新生活的基础条件。

危机时刻安全逃生

对于受灾群众家园重建的工作，国家都给予了他们诸多扶助条件，亲友们不妨在受灾者还处于无所适从的迷茫中的时候，替他们了解这些帮扶政策，并进行申请，这样不仅能减轻帮助者的压力，也可以让受灾者第一时间感受到国家的关怀。

名言励志

1. 与其用泪水悔恨昨天，不如用汗水拼搏今天。

2. 当眼泪流尽的时候，留下的应该是坚强。

3. 靠山山会倒，靠人人会跑，只有自己最可靠。

再难也得把房子建起来

在"5·12"特大地震中，张世洪家的住房全部坍塌，幸运的是他的家人都安然无恙。在大山深处，由于道路中断、信息中断，可以说当时是四面楚歌之境！在缺乏资金、没有宅基地的重重困难下，在家人的陪伴、鼓励与配合下，不等不靠，挺起胸膛，硬起肩膀，自力更生，自强不息——2008年7月1日张世洪的新房落成并正式入住，这也使他成为了灾后四川省首个完成自建房的个人。

"5·12"地震时，张世洪全家正在贵州打工。等他们赶回家时，已经是震后十多天了。回到家时，面对的是已经成了残垣断壁的房子及很有可能就要崩塌的山体。

　　怎么办？张世洪决定重建新房。张世洪不顾余震的威胁，放下一个月一二千元收入的工作不做，开始张罗起修新房的事儿。有人劝他："忙啥呢？看看国家能补助多少再修嘛。"他说："修房是自己住，咋能靠国家呢？只要家人都安康，看到他们健健康康的我就有无穷的力量重建自己的家园。"按照村里的统一规划，张世洪的新家将另选址修建，根据新的建设标准，他的新房是按一楼一底两层楼来建。初步算下来要14万多元，而老张的钱只够一半，怎么办？老张一咬牙："重建！"就按政府规划标准修建，不够的部分向亲戚朋友借，几经周折，5月28日，张世洪的新房开建。经过一个多月的努力，总面积260平方米的新房终于在2008年7月1日那天修好了，张世洪一家当天就搬了进去。

　　新房修好了，张世洪心中的一块石头终于落了地，正月里张世洪便毅然踏上了去贵州打工的路。这一走就是9个多月。老张的妻子文秀英说："老张每个月都按时将钱寄回家，叮嘱我及时把钱给别人还上。电话里每次我们聊得最多的还是如何发家。而我最担心的是他的身体，每次都叮嘱他不要太节约了。"在家的文秀英也积极发展种养殖业，除了家里的包产田外，她还养起了猪和鸭，夫妻俩算了一笔账，按照现在的还款速度，5至6年内他们将还完所有的债务……

　　当前去采访的记者提出给文秀英照张相时，她毫不犹豫地说："就在我家的门口照吧。"说完她站在了门边，手扶着门框，仰起了头，脸上露出了灿烂的笑容。门两边贴着的"开拓创新求发展，共谱和谐奔小康"的春联正是春节期间张世洪写下的。

相互支持才能走出废墟

当人们被困在灾难现场时,最需要的往往是精神上的动力,也就是活下去的勇气,这时候,被困者之间的鼓励就显得尤为重要了。

2007年3月28日下午,山西王建岭矿发生了透水事故,造成了153人被困井下。经过救援人员8天8夜的奋力抢救,截止到4月5日,已有115人成功获救。他们是怎样在没有吃没有喝的恶劣情况下坚持了那么久呢?一位获救的矿工这样讲:"我们在井下喝脏水、咬煤块、咬纸片、吃树皮。到最后,很多人已经无法站立了。这时,体质好的主动照顾体质弱的;年长的照顾年幼的。还有一位老矿工,在一些年轻的矿工绝望的时候,讲述了贵州3名矿工被困井底25天最终获救的故事,来相互鼓励打气。"他们就是凭着这样的毅力和互助,在那没有一丝光明的矿井里,等到了救援,获得了光明,再次见到了想念已久的亲人、朋友。

对于很多在灾难中活下来的人而言，重新开始生活可能并不恐怖，而等待救援的那段时间才是令人不敢回想的，在被困的人中有些人会因为盲目呼救而耗尽体力，有些人会因为对死亡的恐惧而逐渐失去生存的斗志。可以说很多人都是把自己活活吓死的。

所以，面对灾难，互相鼓励、互相支持才是活下去的动力。给对方一个活下去的理由，比如我们在第二章中提到的龚天秀，她当时和她的丈夫一起被压在废墟下，是她的丈夫在临终前将儿子托付给她的行为才使她最终以惊人的毅力活了下来。

在汶川，一个小男孩和同班同学一起被压在废墟中，在被压期间他不断地对同学说："你们别害怕，我爸爸一定会来救咱们的。"正是这样的鼓励才使他和他的同学们成功地等到了救援人员。

很多人都在探讨，如何在灾难面前冷静下来，却始终没有人能给出一个可行的方法，甚至有人哀叹"难道遇事冷静就只是个传说吗！"笔者认为其实未必。

日常生活中我们经常看到这样一种情景，当一个话题进入僵局时，往往会在一段时间的沉默后，由一个人说出"我就先说说我的观点"这样的话来打破僵局。接下来，一切就会向着活跃的方向发展下去。这种现象并不是那个首先发言的人有多优秀，而是在一个团队中，总会有一个相对"心急的人"先迈出一步。同理，在灾难中，也总会有一个人率先冷静下来。那么，主心骨找到了，别人该怎么做呢？

我们经常会说从众心理往往是一个人身上致命的弱点，这会使人失去应有的是非观和客观的判断能力，人们常常将这些人讥为"墙上草随风倒"。但在一些极端条件下，例如被困灾难现场时，这种心理却经常会展现出极大的积极效力。

所以，当我们"有幸"与他人一同陷入险境时，别过于担心，发

危机时刻安全逃生

挥"墙头草"的特点,与同伴一同面对,当然如果你能更冷静一些,不妨多给同伴一些鼓励的话吧,也许你的一句话不仅会挽救自己的生命,更能留住更多人的生命。

平静应对积极求救

　　发出 SOS 求救信号的方式有很多种,它可以是三短三长三短的声音,可以是三短三长三短的闪光,也可以是三堆火、三股浓烟甚至是一堆火、一股浓烟,当然,也可以直接写出 SOS 这几个字母。

1.三个臭皮匠,顶个诸葛亮。

2.人是要有帮助的。荷花虽好,也要绿叶扶持。一个篱笆打三个桩,一个好汉要有三个帮。

3.我们知道个人是微弱的,但是我们也知道整体就是力量。

一壶救命的海水

有这样一群人,他们因为一次海难而被困在一条救生

99

船上，茫茫大海中，没有一条船从此经过。随着时间的推移，船上所配的淡水已经被大家喝光了，人们的情绪也随之开始波动起来。一些人开始表现出沮丧，并不停地念叨"完了，连水都没有了，这就是死路一条啊！"有的人开始表现出极度的愤怒，他们怒吼道："难道政府关门了吗！怎么一个搜救的人都没有，见鬼！"甚至有些人有了将与自己分享生存机会的同伴杀掉的可怕念头。

正当船上的局面不可控制的时候，一个声音冒了出来，这个声音来自一个长得非常精明的年轻人，"安静，你们这些愚蠢的人，你们看这是什么！"只见他手里拿着的竟是一整壶的水。他接着说道："我这里有一整壶水，它必须由我看管，我会在必要的时候分给需要补充水分的人。"

然而直到整船奄奄一息的人被救起，那瓶水也没有被打开过。尽管其间有很多人包括年轻人自己已严重缺水，年轻人都只是晃晃那壶水说："水太少了，大家还能忍忍吧，实在不行再喝吧。"

被救起的那一刻，人们泼洒那瓶水来庆祝，但意想不到的事却让所有人痛哭了起来，因为那是一整壶不折不扣的海水啊！

第五章
我失去了至亲的人

房子倒了可以重建，东西没了可
以再买，最爱的人离开了，我们
又该怎么办？答案就在本章中！

为何独留我在人世

> 在生命的旅途中，每一个人都有可能与灾难不期而遇。也许你会因此失去一手建立起来的幸福港湾，也许你因此与最亲爱的人阴阳两隔，但这都不是你放弃生活、放弃自己的理由。也许有的人可以笑对灾难，而你却无法自拔。但这不代表你的无能，勇敢地伸出你的手，让别人带你走出阴霾，你依然是生命的强者。

2008年5月12日的中午，一位刚刚将闹觉的女儿送入梦乡的年轻母亲，将熟睡的女儿独自留在家中，自己出门为女儿买最爱吃的桃。然而，女儿的时间却因为那一番地动山摇而永远地停留在了梦中。从此这一片废墟之上，年轻的母亲的身影如幽灵一般独自晃动着。她不吃不喝、不眠不休，不停地用女儿的死惩罚着自己。几乎所有人都认为这位年轻的母亲也将不久于人世。

当灾难亲历亲人的离世后，往往会在心里留下极为严重的心理创伤，这在灾后是较为普遍但却极易造成严重后果的心理问题。妈妈失去女儿的表现，就是灾区失去亲人的人们容易出现的"创伤后应激心理障碍"，主要症状是，失眠、易怒、负罪感等。一部分存在这种心理障碍的人会随着时间的推移和自我修复而逐渐克服问题，重新回归正常生活。而另一部分人，则可能很难自行消除这种障碍，这时寻求专业心理医生的帮助就显得尤为重要。

如果我们遇到像背景故事里那位妈妈的情况，我们将如何应对呢？当然及时了解自己的心理状况对于摆脱这种应激反应有着极其重要的作用，如果你正被痛苦所折磨而不能自拔，不如看看以下几点，假如你目前至少存在三条以上这样的问题，那么就意味着你的心理状况仍在不断恶化。

一、你的痛苦情绪至少持续了一个月以上，并伴有经常性的失眠、易怒、惊恐等反应。

二、你因为自己幸存而亲人却离去产生严重的负罪感。

三、灾难发生时的可怕情景会一遍遍在你的脑中重现，你甚至不敢让自己的大脑休息一下。

四、你不愿与别人交流，害怕因此而回想起任何与那场灾难有关的情景。

五、你开始出现厌世情绪，或者认为唯有结束生命才能从痛苦中解脱出来。

现实生活中，遇到了这样的事件，家人和朋友就要和当事人一起来正视三个方面的内容，看受伤者自己的承受能力有多大？是否可以个人承受？还是已经回避它的存在？悲伤的程度往往就是心理问题的突出表现。悲伤集合，就是痛苦聚合。一个人在遇到亲人离去的情况后，要调整好自己的心理和情绪，一般是要有 60 天左右的调整期。

失去亲人的人通常会经历这样三个阶段，孤独、逃避、抑郁并厌世。往往绝大多数人在前两个阶段就已经自愈，只有少数人有抑郁、自闭等严重的心理表现。

有亲人失去的家庭会被悲伤的氛围所困，这时就需要在家里找到一个"相对稳定和理性的人"，成为一个支点，再以这个支点做一个完整的预案。这个人也许是丈夫，也许是朋友同学。我们经常说，要在前期做"两宽心一陪护"就是"外出宽心，投亲宽心"，并且有亲人陪护。

什么样的人才能成为失去亲人者的拐棍呢？就是一个乐于帮助的人，他要有两种素质：听的能力和做的能力。这就是强调"倾听的艺术和陪护的技巧" 听出痛苦者的弦外之音——他在意的是什么？听出痛苦者的内疚之意——他要说什么？听出痛苦者的最大情绪——他要弥补什么？然后再从认知角度来分析其在心里的死结，并帮助他建立起新的希望。当然，做这样的支点的人是亲人最好，没有的话义工或是专业的心理咨询志愿者也行。

俗话说听人劝吃饱饭，如果你不能解脱，却仍希望改变现状和摆脱痛苦煎熬的现状，不妨主动走进心理诊所，告诉医生"我需要你的爱，帮帮我。"每一个人都有脆弱的时候，每个人都需要他人的帮助，请相信医生的诊断，并相信自己可以改变，相信生活会变得越来越好，学会按照医生的医嘱把自己的痛苦说出来，把自己的心结打开，把需要说出来。

心理咨询师在帮助来访者宣泄心中的痛苦时，往往会采用很多技术手段，这里介绍一种简单易行的方法，帮助你说出心中的痛苦。

这种形式一般只需要一张椅子，把这张椅子放在来访者的面前，假定某人坐在这张椅子上。来访者把自己内心想要对他说却没来得及说的话，表达出来，从而使内心趋于平和。这种形式主要应用于三个方面：

1. 恋人、亲人或者朋友由于某种原因离开自己或者去世，来访者因为他们的离去感到特别悲伤、痛苦，甚至悲痛欲绝，却无法找到合适的途径进行排遣。

2. 空椅子所代表的人曾经伤害、误解或者责怪过来访者，来访者由于各方面的原因，又不能直接将负面情绪发泄出来，使情感郁结于心，此时可以通过对空椅子的指责，甚至谩骂，从而使来访者获得内心的平衡。

3. 椅子代表的人是来访者非常亲密或者值得来访者信赖的人，来访者由于种种原因，无法或者不便直接向其倾诉。

1. 美好的记忆是一首悠扬的圆舞曲，痛苦的回忆是一支凄婉的笛声，我们只有用心倾听，就知道它们都很美。

2. 累累的创伤，就是生命给你的最好东西，因为在每个创伤上面都标志着前进的一步。

我还会有孩子

一个妈妈参加了这样的一个团体活动，活动要求每个人"画画你的孩子在哪里？"现场妈妈们的表情是非常凝重的，不少妈妈是流着泪在一边画，一边说。老师却并没有因为她们的情绪失控而打断她们作画。每天这些妈妈们都会在这样的涂涂画画中度过一段时光。

经过一段时间的反复画画，妈妈们的画也渐渐从阴郁潦草变得清晰丰富起来了，情绪也逐渐稳定了下来。老师讲："妈妈们，你们是否做好了迎接新生命的准备了呢"？不少妈妈问老师："我还能当妈妈吗？"老师大声讲："你们还会有孩子的！"

第二年，其中的很多妈妈怀上了小宝宝，高兴得泪流满面，她们纷纷向曾经的老师打去感谢的电话。

最好的良药就是自己

忘掉悲伤不可能,忘掉心痛不可能,麻木不仁也不可能。因为难以忘怀的惨烈画面,就像一个定格的画面,烙印在自己的脑海!那怎么办?一句话,接受你的心境,包容悲痛的境遇,化解内心的痛苦。

在2009年,汶川地震半年之后,一名县里的农委主任自杀了。所有人起初不敢相信。人们也知道,他的孩子在地震中失去了生命,他一直以来都是以工作来化解心中的郁闷。所以,他总是全身心地投入到工作中,强迫自己去干好工作。但人们不知道,每当回到家,面对自己悲苦的妻子,他就难以抑制内心的痛苦,他老是指责自己无能,经常是面对夜空,与自己的"另一个我"对话,多少个月夜,他泪水挂满了面颊。在他留下的遗书中写到:"我想得到安静,但心里却难以抚平,我想给现实一个回答,却不知道如何回答。我只有离开,才让自己的心找到归宿。"

这个农委主任的悲剧,就是灾后心理最大的隐患。

一个受到灾难冲击的人,当时是没有任何的准备的,当灾难到来之时,他只有去完成能够完成的当下,而心理的接纳却是没有到位的。所以,当灾难得到一定的平复之后,他的心理问题就会出现。如果,心理损伤大于个人的承受力,内心的"魔"就会时常回来与他"对话"而他内心不能接受的现实,就会让他的心灵受到又一次的"冲击",震后的应激性心理障碍就会"一点一点复苏",以至于,内心的空洞也随之放大。

对于这样的人我们要注意三种情况的发生:一是工作狂,这是悲伤者亢奋状态延续时间过长的外在表现。二是长时间的失眠和食欲不振,或是逃避与人交往。三是与家人的关系淡漠,并经常一个人独处! 如果一个人经常沉浸在痛苦之中,就是一种思维强迫,这会逐渐成为一个看不见的"杀手"。

活在当下,这是佛家理念,尤其是心灵受到撞击和伤害的人,如果无限制地生活在悲痛的过去时间里,他就会难以与当下对接,就会出现更多的内心纠结,也就是,心理创伤应激障碍,这时候就已经不是一种简单的心理问题和简单的心理悲伤,他会出现常人没有的痛苦疾患。

我们经常让别人"想开点"。实际上这样的话是不负责任的。那么,怎么说为好呢? 一般有两点,一是不说,只是默默地陪护,这是最人性的方法。二是,只说"我知道你的苦衷,你愿意做什么,我陪你一起去"或是"我们一起完成这件事"。

在现实当中,由于内心的悲痛,会使当事人的自我感知受到影响,还会出现一些反常的现象。只是他自己却往往发现不了,这时如果有一个人能够给他提示或是真诚的告诫和鼓励,他会渐渐对自己的问题有所感受的。

工作调换法。按照你专业的性质，可以调配到一个新的环境里去工作，这也许有利于心理的恢复和精神状态的调整。

名言励志

1. 生命给予我们的不只有快乐,更让我们记住的也许就是一份不解的忧伤。

2. 哭泣不是弱者的表现,而是智者的一种生活方式,更是真情的表达。

3. 我们有时不知道给悲伤者送去什么,但我们必须知道他内心深处最需要什么。

生活故事

王生的苦难

大水过后,村东头的王生家就毁了,年轻的妻子逝去了,好在那天孩子在姑姑家,没有出事。但王生往日的快乐身影不复存在,整天就像打蔫的茄子一样。

每当孩子哭着向他要妈妈的时候,王生都不敢正视孩子的眼睛。他不能告诉孩子妈妈不在了,也不能让孩子看出他的异样。只有在夜深人静的时候,望着天上的星星,说说心里的话:"孩子他妈,你好吗? 我和孩子都非常想念你。"

王生原来是一个非常精干、乐观的人,现在人也邋遢了,也不愿意与人说话了。一日,王生出门摔了一跤,手上划了一个大口子,缝了四针。看着惊吓的孩子和自己狼狈的样子,他觉得活着真的没有意思。在离去和留下的抉择中徘徊,使他更加抑郁了,这可谓是"离别恋子,留下思妻"! 几次欲行又止,痛苦难耐。

在一个明月高悬的夜晚,他看到自己的孩子安然入睡,咬咬牙慢慢起身,轻轻地离开了家。谁知当他走出家门的时候,却遇到了村支书,支书说:"王生啊,我知道你会出来的,我也知道你很痛苦,可你还年轻啊,为什么就想不开呢? 我不能代替你的痛苦,但我知道你是一个有责任的父亲,到了那头你见到娃他妈,问起你娃好吗,你可咋交代!"王生抱着支书哭诉道:"我,我快坚持不住了!"那哭声在寂静的夜晚是那样的凄凉。隐约中又传来孩子的哭声。支书说:"听,娃叫你回家呢,快回去吧! "

第二天,支书带他到县城接受了心理咨询,医生给他开了一些抗抑郁的药,叮嘱他按时吃药就能好。还说:"只要你让儿子快乐了,你就会好的。"回来之后,支书妻子帮他看孩子,他被支书安排到蔬菜基地,慢慢地他有劲了,也愿意与人说话了,原来内心美好的情怀也渐渐舒展了,他知道"妻子走了,孩子就是爱的根。"后来救灾补助下发,他又盖起了三间大瓦房,同时邻村的小芳又走进了他的家,在原来的旧址上,炮声和孩子喊妈妈的声音传遍了村庄。

切莫讳疾忌医

讳疾忌医，是一些有严重心理疾患的人的表现，即使他知道已经不是"说说就可以解决的问题"，但"面子"却还在让他硬撑着，不肯承认自己的"问题"。让一些"哀莫大于心死"的人回头，打开他们心灵大门，需要一把更好的钥匙。

小刘已经三个多月没有笑声了，现在的她与曾经那个活泼的小美女已经判若两人了。在她的妈妈去世之后，她不能原谅自己的过失，因为她认为是自己带着父母外出旅游，才让他们遭遇意外而离开了这个世界。她把所有的不快都守在了自己的心中，认为自己就是杀害自己母亲的人，不能原谅自己。于是，所有悲伤一天天地聚集，让她成为了一个难以自拔的"悲伤美人"，随着时间的变化，单位的人发现，她不爱说话了，经常一个人痴痴地望着远方，眼里还挂有泪水，工作的效果和效率也出现了问题，有时会所

112

答非所问。

因为每一个人的感受不同,自我整合能力也不同,有的人不需要借助于外力来帮助自己解脱困境。无奈人心脆弱各有不同,我们当理解那些不能从心魔中走出来的人,要进行更多的关爱,那么该怎么办呢?

从现在的心理救助模式来看,主要有三种模式:一是关怀式,就是不放弃他,给予他更多的关怀,让他知道身边的人没有嫌弃他更不会放弃他。美好的感受,能促使他的心灵早一点得到复苏。二是强化式,单位组织和社会家人,可以在他能够接受的前提下,用更多社会的体验和亲情体验,给他正面的思维环境以及能够唤起他快乐的趣味活动,使之醒悟。三是医疗式,人的能力是有限的,不能去指责他不去努力,因为他的能力已经消失殆尽,必须有外界的力量去照顾他,在亲人和单位的同意下,送他到医院,因为必要的治疗是拯救他的最后防线。

前面我们讲过,心理危机的过程是有阶段性,前期是个人或在别人的帮助下,可以自愈。但也有人是不能自愈的,怎么办?

一句话:受到心理创伤严重的人,是必须到医疗机构就诊的。如何来确定他是否要去医院呢? 主要看是否有严重性的表现:

1. 连续 2 个月以上的持续情绪低落。

2. 不能够正常地工作和与人交流。

3. 更多的时候是独处并感受不到生活的乐趣。

4. 出现厌世的情绪或是有轻生的冲动。

5. 做一些反常的事情,并呈现生理上病状。例如对原来喜欢的事物失去兴趣、紧张烦躁或活动减少,冷漠等,注意力明显分散无法集中,出现睡眠失调、食欲不振、头痛、月经失调等躯体症状。这些都要引起我们的重视。

劝小刘这样的人去医院,是需要技巧和能量的。对于像小刘这样的有严重心理问题的人而言,她实际上已经是一个病人,作为她的亲人同事要克服急于解决她心理问题的急躁情绪。避免在她没有充分的信任和了解大家的真实想法的情况下直接触及她的伤痛。要让她知道,她身边的人都是爱她的。要告诉她,"我们陪你上医院、陪你看医生,这是大家对你的关爱,不是抛弃。"

心理疾患(病症)的辨析

每一个人心理问题的发生,它是与时间和症状程度有着密切的关系。一般讲,1~2个月时一般的心理问题,表现的症状多是物理化的,如睡眠、饮食紊乱、焦虑等单一性的表现。一般可以不吃药,在自己的努力和亲人的帮助下就能自愈。3~6个月就是严重的心理问题,主要的表现是焦虑、暴躁、没有热情、身体乏力等多项不适,可以进行简单的药物支持,并需在专业心理咨询师和亲人的帮助下才能有所改变。如果一年以上,持续的心理应激反应,影响到自己的生活和工作,不能与人正常地交往,行为失常并伴有幻听等精神上的症状,就是心理疾患,也就是说这时要以接受药物医疗的救治为主。严重心理问题和精神疾病没有特别界限。

1. 生命不怕死,在死的面前笑着跳着,跨过了灭亡的人们向前进。

2. 生死本是一条线上的东西。生是奋斗,死是休息。生是活跃,死是睡眠。

3. 便人间天上,尘缘未断,春花秋叶,触绪还伤。

4. 便做丹青都是泪,流不尽,许多愁。

《老人与海》背后的故事

海明威是世界著名的文学家,他一生坎坷,又充满传奇。年轻时他桀骜不驯,充满了浪漫主义的情调,他的小说中充满了青春的朝气和追求的勇敢,而现实中他又是疾恶如仇和充满无限的悲感。现实的生活的悲苦和婚姻爱情的失落,使他心理产生了问题,暴躁了去酗酒,抑郁了就逃避。与自己的家人和师长反目为仇,自己老是唱着狂妄的歌,走在夜色漆黑的马路上。

由于生活不规律,工作不固定,心情不好。他最终产生了抑郁的情况,酗酒、狂欢,他时常像疯子一样,走在乡村的田野里,他激进的言行又招来反对者的讽刺和谩骂,也因此使他受到别人的监视和排斥。

一天,在他喝醉酒之后,亲朋把他送进了医院,起先,他在那里暴怒，几近疯狂。他喊着自己的名字，怒骂着当时的社会。他被确诊为抑郁症。治疗之后，他才慢慢认识到自己内心深处的需求，于是，他开始反思自己还能做什么，最终他觉得自己要写出属于自己心灵的文章，描摹出自然界和人类心灵的伟大，把人性中最神圣的东西挖掘出来。

他用心写作，他时常坐在海岸边静静地与海对话，用心与大海交流，于是，在1952年一个满天繁星的晚上，他奋笔疾书，完成了现代世界文学史上的一部巨著《老人与海》。这部作品让他荣耀一生，也让他名垂青史，他凭此荣获了诺贝尔文学奖。

后来，有人采访他，说"为什么你能写出如此感人的作品？"他说："人的心理都会出现问题，也会焦虑和抑郁，重要的是你可以面对，在我心理康复之后，我发现我的爱更真诚，我的思维更清晰，我的海更宽广。"

第六章

身已残疾心仍飞翔

人生永远没有完美，生活本就是一种有缺憾的美。身体的残缺并不丑陋，失去寻找美的勇气，才会让你的生命就此凋谢。

我该如何面对这残缺

　　每当灾难过后,都会有一些悲伤的人,在泪水中怜悯自己的身体,因为肢体的不完整,让他们的自卑上升到极限。

　　每当我们看到这样的场面,我们的心里都会有什么样的感受,是庆幸自己,还是怜悯对方,实际上都不要,存在就是意义,生命的展示是不同的。人倒下了,不怕,怕的是他不愿意再站立起来。

　　一个残疾人这样描述过自己:"我从昏迷中醒来,觉得非常累,想翻翻身,下意识地抬抬腿,而我却没有看到我的腿在动。我难以置信地睁大双眼,看到我的腿不在床上,于是我就大声喊道,'我的腿呢?我的腿呢?'我差点从床上栽下去,最终我被家人按在了床上,但我的心里却告诉自己,'我完了,我的腿没有了。'我哭啊,哭啊,一直哭到没有了眼泪。我害怕睁眼,因为我不愿承认眼前的现实。之后,我进行过绝食,也不让医生换药,更不愿见自己的亲人,一直都在自己悲痛的情绪中,我确信我完了,我的未来没有了。好在后来,我接受了自己,也在好心人的帮助下,才有今天。"

根据调查数据推算,全国各类残疾人的总数为 8296 万人。按照国家统计局公布的 2005 年末全国人口数,推算出该次调查时点的我国总人口数为 130948 万人, 据此得到 2006 年 4 月 1 日我国残疾人占全国总人口的比例为 6.34%。各类残疾人的人数及各占残疾人总人数的比重分别是:视力残疾 1233 万人,占 14.86%;听力残疾 2004 万人,占 24.16%;言语残疾 127 万人,占 1.53%;肢体残疾 2412 万人,占 29.07%;智力残疾 554 万人,占 6.68%;精神残疾 614 万人,占 7.40%;多重残疾 1352 万人,占 16.30%。

在自然灾害中,造成肢体残疾的最多,他们是自然灾害主要受害者,所以这个群体需要我们认真关爱和呵护。更需要全社会给他们一个自由美好的生存空间。

在这里,我们必须要理解那些因灾难而致残的人们。从健全到不健全,这是人生当中的一种残酷考验,因为他们一直拥有健全的肢体,面对这样突然变得不完整的事实,任何人都难以接受,不只是他们,试想这样的事放在我们自己身上也同样不会接受。意外发生时, 人们往往都是在没有任何思想准备的情况下受到 "应激刺激",产生了"应激性心理问题"的表现,进而会以"决绝的方式"来抗争自我的存在。

我们对于生命的意义通常有以下五方面的认知:一是肢体的完整,二是生活的保障,三是亲情的拥有,四是关系的建立,五是心灵的归属。一般讲,哪个也不能少,但当第一个少了,对于后面的存在性，就会起到相当大的负面影响。残疾对人的心理影响也有五类：对生活的向往减少，对他人的接纳降低，放弃对自然的接受，排斥对亲情的呵护，自我的感受消沉。所以，灾难之后致残人员的心理恢复和帮助他们"重新站起来"是非常重要的。否则在未来的生活中，他们就会逐渐将自己边缘化。甚至会对生命逐渐漠视。这是我们不能忽视的问题。

当我们面对这样的局面，我们应当如何看待？

首先务必要让自己睁开眼睛面对现实，否则，只是一味地闭着眼睛逃避或是流泪都是无济于事的，只能增大自己的痛苦，没有任何办法让失去的肢体长出来。

如果作为旁观者遇到这样的事件和人。我们要知道因外伤致残的人，内心多是消沉的，不必要给他过多的语言的安慰，默默地陪伴即是最好的支撑，只要他能够正常地生活，饮食睡眠正常就好。作为他们的亲人或朋友，要注意三个重点：一是关注他吃饭的态度、睡觉的稳度、说话的力度。二是适当给他说一点"外面的事"，以转移他的注意。三是可问他：想说什么？想念谁？想见见谁？

对于在灾害中造成身体残疾的人，一定需要对他的心理做出心理的评估，要针对他们的年龄和身份，以及家庭的情况进行必要的分析，一定要做有准备的干预。在对于残疾人的心理保护的同时，还要注意三个关系，即当前和未来的关系，逃避与面对的关系，积极和尝试的关系。只要能让残疾人接受现实，就可以对未来的生活奠定美好的基础。

帮他不如陪伴他，但要让他自己照顾自己的生活，不要什么事都管他，否则他会更自卑。不妨给他一个微笑，为他自己做的事伸出大拇指，或给他一句赞美的话——"你好样的!"这是非常重要的。

对于肢体残疾的人，最好在第一时间与就医的医院商榷能否安假肢，与当地的残疾人组织和民政部门进行登记，寻取这方面的信息。再与制作和安装假肢的机构进行联络，以安排未来康复的时间。不要耽误康复的时间，在最短的时间里，让致残的人从生理上站起来。

格言励志

1.即使跌倒一百次,也要第一百零一次站起来。

2.身体和精神是不能同时残障的。

3.无论命运有多坏,人总应有所作为,有生命就有希望。

4.身体有缺陷者往往有一种遭人轻蔑的自卑但这种自卑也可以是一种奋勇向上的激励。

5.人若软弱就是自己的敌人,人若勇敢就是自己最好的朋友。

贝多芬的故事

《命运交响曲》是贝多芬最杰出的一部作品,它的主题是反映人类和命运搏斗,最终战胜命运。这也是他自己人生的写照。对于第一乐章中连续出现的沉重而有力的音

122

符,贝多芬说:"命运就是这样敲门的。"

童年,贝多芬是在泪水浸泡中长大的。家庭贫困,父母失和,造成贝多芬性格严肃、孤僻、倔强和独立,在他心中都蕴藏着强烈而深沉的感情。他从 12 岁开始作曲,14 岁参加乐团演出并领取工资补贴家用。到了 17 岁,母亲病逝,家中只剩下两个弟弟,一个妹妹和已经堕落的父亲。不久,贝多芬得了伤寒和天花,这使他几乎丧命。贝多芬简直成了苦难的象征,他的不幸是一个孩子难以承受的。尽管如此,贝多芬还是挺过来了。

说贝多芬命运不济,不光指他童年悲惨,实际上他最大的不幸,莫过于 28 岁那年的失聪。先是耳朵日夜作响,继而听觉日益衰弱。他去野外散步,再也听不见农夫的笛声了。然而,这世上能理解他的人太少了,唯一能给他安慰的只有音乐。所以他不能让自己停下追寻音乐的脚步。

他作曲时,常把一根细木棍咬在嘴里,借以感受钢琴的振动,他用自己无法听到的声音,倾诉着自己对大自然的挚爱,对真理的追求,对未来的憧憬。他著名的《命运交响曲》就是在完全失去听觉的状态中创作的。他坚信"音乐可以使人类的精神爆发出火花"。"顽强地战斗,通过斗争去取得胜利。"这种思想贯穿了贝多芬作品的始终。

贝多芬一生是悲惨的,世界不曾给他欢乐,他却为人类创造了欢乐。贝多芬身体是虚弱的,但他是真正的强者。

被"篱笆"围起的人

"我不想成为他人眼睛里的惊奇，更不想看到异样的目光。"身体残疾的人,都有一个最大的苦楚,就是当知道自己与其他人不一样时,内心深处都建有一个"篱笆",他能够看到别人,但不想让他人看到自己,成为一个"篱笆院子里"的人。远远地望着外面的世界,但不愿意让别人看清楚他的全部。

某个阳光明媚的早晨,一个小伙子,艰难地起身将窗帘拉得更紧些,仅有的一缕阳光也被挡在了窗外,他每每早上起来的时候,都不愿看到自己不能伸直的左腿。每天他都只能在泪水中让自己"出口气",然而,三个月过去了,他的身体和精神状态已经到了一个最低点。他的女朋友最先意识到了他的问题,因为,他曾说:"不是怕你伤心,我就要离开这个世界。"好在,他的女朋友带他来到了一个康复中心,开始一个较为系统的身体恢复和心理康复过程。

　　小伙子这是因灾难导致身体出现残疾之后产生出来的"心理失落综合征"，主要的表现就是不愿意与人接触，内心自卑，对于自己的未来失去信心，在不断的消极认知下，产生了抑郁的情绪，或伴有对生命的轻视想法。在外在的表现上，容易出现一种"我已经完了"的负面的和消极的情绪，症状多为疑似抑郁症的表现。实际上这也是一种外在应激之后的心理创伤，需要有一定的耐心和强大的后方动力才会让残疾人走出困境。

　　好在小伙子的女朋友对他不离不弃，给了他一个心理的支撑，实际上这位女朋友在处理问题时所做的努力，在无意间符合了心理康复的要求，即给对方一个信息"我们与你在一起"。所以我们在对待因灾致残者时要经常给他肯定的暗示，让他明白"你现在与别人不一样不等于就没有未来，更不等于比别人差。我知道你的悲伤，我理解你的爱，我记得你的过去，我更接纳你的现在。我是成为你的一个新的支撑和正能量的开始。我与你同行，就是对你的帮助，我将与你一同接受别人异样的目光。"

　　我们在陪伴残疾人的时候，不要忽视一种现象，就是看到他眼里有光芒的时候，你不要认为那是小儿科，当他对新的事物产生兴趣的时候，你要说，"嗯，这件事的确挺有趣的，咱们一起试着做做吧"，这样他心中的希望就会点燃。我们要坚信，只要给残疾人一个新的舞台，他们就会迸发出耀眼的光辉，人的潜意识当中，都会有非常大的能量。帮助残疾人选择自己能够做到的，就会让残疾人看到生活的快乐。不要让残疾人觉得"我不行了"，而是帮他从自己提问"我还能行吗"，勇敢走到"我还行"的道路上。

　　对待康复期残疾人的疏导方法主要有以下几种：

　　一个是"认知疏导法"，就是让当事人知道自己就是一个这样的人，是不可改变的，可以改变的是自己的心态和未来，用积极的心态安排自己的生活。也就是说,让当事人认识到他并不是被群体抛弃而是成为一个新的人群中的一员。接受自己,才能发展自己。

还有一个是"共情分享法",就是让当事人走进与自己一样的人群中,寻找与自己一样的朋友,参加一些可以参加的"户外的自然和人文的活动",这会使他们发现快乐没有离自己远去,尝试相信"我们的身边还有快乐的存在"。坚信肢体残缺后还会找到"另一个强项",就比如视力残缺找到其他感观的"强项"一样。

小贴士

做一个音乐欣赏者,在音乐中找到"方向"。针对残疾人外在沉默,内心焦虑的现状,选一些好的歌曲让他听,对他就是一种安慰。如钢琴曲《命运交响曲》;歌曲《我思念的故乡》《那就是我》《我的未来不是梦》。

做一个漫画涂鸦者,有利于残疾人的心理恢复。因为身体有残缺的人,心理往往会出现退缩,会出现类似于孩子的心理模式。看漫画书有利他们心智的成长。

名言励志

1. 人有千差万别,有高矮肥瘦美丑之分,没有谁一定比谁高贵,谁比谁低下。只要能够在自己生活的领域证明自己不是一个无用的"废人",个人都可拥有完美的人生。

2. 残疾并不是性格的标记,而只是导致某些性格的原因。

3. 有理想在的地方,地狱也是天堂。有希望在的地方,痛苦也成欢乐。

生命的舞者

在一个晴朗的日子,马丽和朋友们一起坐车外出办事。她清晰地记得那一刻两边的马路飞快地向后闪去,她的心情像阳光一样跳跃着。忽然,身后一辆大车疾驰而过,司机忙向左打方向盘,马丽在巨大的撞击中不省人事……醒后,刺痛从身体的右边传来。由于骨骼组织感染坏死,她的右臂被迫截肢。那年,她19岁。

马丽说,以后很长一段时间里,梦中总有一个魔鬼般的黑影在追她。她拼命地跑啊跑,一直跑到山崖边,可黑影仍凶猛地向她扑来。"醒来后,看着空空的右边袖子,我的头像被流石撞击般瞬间就要爆炸,一股带着尖刀的气流穿过我的胸脯、我的咽喉,泪水就这样如喷泉一样飞溅……"

2001年,河南省残疾人联合会找到了马丽,邀请她加入残联继续舞蹈梦想。前三次电话,马丽都拒绝了。马丽说,舞蹈是一种美的艺术,失去右臂以后舞蹈就"残缺"了,"没了右臂就没办法掌握平衡,好多动作会受限制,我没有把握能做好。"

在残联工作人员的耐心劝说下,她决定先到残联看看。到残联后,她受到很大震撼。这里有聋哑的,有坐轮椅的,但他们的好多节目都做得非常好。她萌发了试一试的念头。刚开始的练习，在一个小单间里进行。由于长期远离舞台，加上失去右臂难以掌握平衡，她时常摔倒，每到这时其他残疾人就鼓励她。马丽备受感动，重返舞台的梦想也坚定起来。

2001 年 7 月，马丽开始正式训练，节目名字叫《黄河的女儿》，"这是我第一次走上特殊艺术之路"。马丽天天加班训练，"每天都摔很多跟头，全身都是伤，青一块紫一块疼得直哭，自己都心疼自己"，但她没有放弃，咬牙坚持下来了。2001 年 8 月 8 日，凭借《黄河的女儿》，她在全国残疾人文艺汇演上获得金奖。

2005 年 9 月 26 日，是改变翟孝伟命运的一天，也是马丽人生中重要的一天。

这天，马丽去省残联康复中心参加演出。进门时，一个挂拐杖的男孩进入她的视野。他就是翟孝伟，4 岁的时候，因为车祸失去了左腿，后来就在省残联练跳高、跳远。马丽进门，翟孝伟出门，两人擦身而过。就在这个瞬间，马丽有一种奇妙的感觉，他就是自己的搭档。她转过身，拍拍翟孝伟的肩膀，"喜欢舞蹈吗？"翟孝伟摇摇头。

"想跳吗？"

"没感觉。"

马丽给了翟孝伟一张自己的演出票，请他先看看再决定。

第一眼看到马丽的演出，翟孝伟感觉"头发都竖起来了""浑身发抖，太震撼了"。那一刻起，他决定跟随马丽学舞蹈。马丽先让他做几个动作，觉得他力量不错，真的可以试试。从此，两人开始了自称为"天残地缺"的绝妙搭档生涯。马丽和翟孝伟把自己的作品寄到中央电视台参加第四届 CCTV 电视舞蹈大赛，那时，离报名截止日期只剩两天。

两天后，他们接到了电视台打来的电话。马丽的经纪人李涛说，央视工作人员打电话时说，虽然是残疾人在跳舞，但是没有感到他们是残疾人，"这是一种艺术，令人震撼的艺术，从他们身上我也看到了舞蹈的一种精神"。

马丽和翟孝伟的《牵手》最终从七千多个节目中脱颖而出。2007 年 3 月 28 日，他们接到中央电视台的通知，告诉他们，节目已经进入决赛。比赛 4 月 20 日举行，届时中央电视台将现场直播。这是中央电视台历届舞蹈大赛中唯一一次残疾人舞蹈节目进入决赛。

战胜自卑我还是我

都说从死亡的线上走下来，就是一场洗礼，更是一次炼狱。而回来之后的筋疲力尽，又让残疾人出现了逃避和自卑，自卑就是一把犀利的宝剑，他在"舞剑"的时候，是闭着眼睛的，最容易伤到自己。如何让他睁开眼？

王强因打篮球摔断了腿，因为没有接好，落下了残疾。他曾经一年没有出门，但有一天他看到残疾人运动会上，残疾人也可以打轮椅篮球，这给他封闭的心灵打开了一扇门。于是，一年后，他出现在轮椅篮球场上，潇洒的英姿和娴熟的投篮技术使他很快成为一名优秀的残疾人运动员。一次，在接受采访时，他这样描述曾经的自己，"长期自我放逐，不与人交流，暗伤流泪，还会出现一些反复和焦虑，尤其在康复期的焦虑和暴躁，不愿意进行和惧怕康复的项目，自己对自己的不信任，对未来康复的不信任。由于这些消极状

130

态使心理出现了新的退缩和畏难情绪,由于自己情绪的波动,面对任何新事物都会哭泣,常常出现消沉、耍赖甚至要挟等幼稚的言行。经常说的一句话就是'我不去了,我不想做了,我就等死吧'。"在采访结束的时候,这个满脸洋溢着热情和活力的大男孩这样说道:"在经过专业的身体康复和心理康复之后,我又插上了飞翔的翅膀。而当我真正披挂上阵,在赛场上搏杀的时候,我发现我还行。现在我可以向大家说:'我是残疾人篮球运动员——王强'。"

王强的转变,使我们看到了一个残疾人由自卑到自信的过程,也是一个人从肢体残疾到心理残疾,再由心理残疾走向心理健康的艰辛历程。

因灾致残的人一般都会有这样的心理特征:强烈的自卑感,深刻的抱怨心理,严重的挫折心理。而原因不外乎是这样:1.竞争越激烈,残疾人面临的现实问题越严峻,心理压力也就越大,当无法承受压力时,就会出现问题。2.社会对残疾人关心不够,很多人还存在着歧视、藐视残疾人的问题,使残疾人感到孤立无助,在生活和工作中均难以实现自己的愿望而产生自卑心理。3.大众"不指望这片地收谷子"的心理,限制了残疾人的生活范围和生存范围,也限制了残疾人的创造力与潜能的发展,埋没了可以成为佼佼者的人才。4.对自己过高的期望致使一部分残疾人失去了信心和勇气。

对于残疾人,他们焦虑的原点,就是自卑。因为每一个残疾人都有自我排斥性,这样就更加剧了残疾人自身的痛苦指数。一般讲残疾人的心理自卑指数要比常人高20%,同时自卑的积蓄也会对残疾人的心理造成更大的伤害,当人们用"惊诧"的目光看着他的时候,他的内心就"流血",更多的残疾人会问自己:"我已经成为他人眼里的另类,我还是我吗?"

绝大多数的残疾人都需要外力来帮助他。怎么帮助?主要分三个步骤,一是肢体的医治,二是接受自己的现状,三是进行肢体的功能康复和心理的康复。作为残疾人的亲朋好友,我们可以采取诱导式的方法,创造一些可说、可看、可动、可乐的话题,让他产生一种"想知道"的欲望。这样,也许能够激发出他的积极性。

那如果遇到一个不爱出门,只爱睡觉的残疾人怎么办?这时候劝他走出去也许并不会奏效,我们不妨给他一个舒适的床,让他好好睡吧,直到他"不想睡觉了",再与他进行沟通,让他鼓起走出去的勇气。一般讲这种方法都会收到一些好的效果。因为睡过头之后,是不舒服的,那好,我们再换一个方式,出去走走,看看风景、说说话、看看书,向他说明,生活中还有比睡觉好的事情,身边还有美好的事物存在。

对于出现逃避心理的人来说,我们可以采取"走出去,请进来"的办法来帮助他,走出去,就是带领他们到大自然之中,去感受自然界的美好,放松心情。也可以带上他做一些他想做的事情,更可以带他做一些挑战,比如,带他去学"游泳",这是一个非常值得挑战的活动。因为人对水总是有一种天生的亲切感,如果一个人,敢于面对水,实际上这是一个非常好的开端,面对的价值就是战胜的价值。请进来,就是将一些社会上的残疾人朋友介绍给他,尤其是那些自强自立的佼佼者。这对于他的改变有非常大的作用。

这里还要强调残疾人的心理康复,像王强的成功也说明当初他进行康复的重要性,尤其是心理康复的重要性。说明后天致残的人,需要做好危机心理干预,从专业化的角度来进行辅导,这对那些难以自拔的残疾人就是一个非常好的福音。

看励志电影：有关残疾人自强不息的事迹，一般都会为他们输入更多的正能量，会减少40%的自卑情绪。比如：《我的少女时代》《站起来》《汪洋里有一条船》等。

回味童年：有机会回到自己小时候生活过的地方，换一个环境对人们放松心情很有帮助。这种活动也被称作"我们来到一个让心灵静下去的地方"，环境对人的影响，是一个给自卑的人打开一扇新的大门的契机，是积极的行为。

1．我不会让我的残疾成为我奉献社会的绊脚石，更不会因为我的参加成为让大家关照我的由头，我应该做得更好，让他们知道我比他们强。

2．内心的强大会淡化身体的弱势，而肢体一部分的残缺，会让另一部分更强大，所以，我的臂膀就是为奥运冠军而长。

3．我没有手，但我有爱；我没有手，可我有善；我没有手，但我可以画出自强不息的骏马！

张海迪的故事

张海迪,1955 年秋天在济南出生。5 岁患脊髓病导致高位截瘫。从那时起,张海迪开始了她独特的人生。她无法上学,便在家中自学完成中学课程。15 岁时,张海迪跟随父母,下放(山东)聊城农村,给孩子当起了老师。她还自学针灸医术,为乡亲们无偿治疗。后来,张海迪还当过无线电修理工。 她虽然没有机会走进校园,却发奋学习,学完了小学、中学的全部课程,自学了大学英语、日语和德语,并攻读了大学和研究生的课程。

1983 年张海迪开始从事文学创作,先后翻译了数十万字的英语小说,编著了《生命的追问》《轮椅上的梦》等书籍。其中《轮椅上的梦》在日本和韩国出版,而《生命的追问》出版不到半年,已重印 4 次,获得了全国"五个一工程"图书奖。2002 年,一部长达 30 万字的长篇小说《绝顶》问世。《绝顶》被中宣部和国家新闻出版署列为向"十六大"献礼重点图书并连获"全国第三届奋发文明进步图书奖""首届中国出版集团图书奖""第八届中国青年优秀读物奖""第二届中国女性文学奖""中宣部'五个一'工程图书奖"。

从 1983 年开始,张海迪创作和翻译的作品超过 100 万字。 为了对社会作出更大的贡献,她先后自学了十几种医学专著,同时向有经验的医生请教,学会了针灸等医

134

术，为群众无偿治疗达 1 万多人次。 1983 年,《中国青年报》发表《是颗流星,就要把光留给人间》,张海迪名噪中华,获得两个美誉,一个是"八十年代新雷锋",一个是"当代保尔"。

张海迪怀着"活着就要做个对社会有益的人"的信念,以保尔为榜样,勇于把自己的光和热献给人民。她以自己的言行,回答了亿万青年非常关心的人生观、价值观问题。邓小平亲笔题词:"学习张海迪,做有理想、有道德、有文化、守纪律的共产主义新人!"

还有飞翔的梦想

如何让残疾人从低落情绪中走出来,让他们昂起头,走出心里的困境,实现自己的梦想呢?

刘三娃是一个得了侏儒症的大男孩,身高不足 1.3 米的他,从小受尽了别人的白眼、嘲笑和挖苦,这使他怕与人说话,更不愿意与人交流。小学还可以上学,中学因为经常受到人家的欺负,于是休学在家,父母也不愿意养他。孤独的他经常一个人唱歌,唱到月落西山,也唱到泪水满脸。怎么办?"我要生活!"于是,在好心人的带领下,他参加了一个侏儒演艺团,通过刻苦的训练,经过一次次的失败和被嘲笑,怀着一颗永不服输的心,终于成为了一名歌手,靠自己的歌声表现自己的坚强,也用自己的付出实现了自己自食其力的梦想。

　　残疾人作为一个特殊的群体，除了与一般人有着共同的心理特点外，还有着其独特的心理表现和认知特点。由于残疾的类别不同，残疾的程度不同，以及致残发生的时间（先天致残、后天致残）不同，其认知特点也不同。

　　残疾人因为在生理上或心理上有某种缺陷，在社会上常常受到歧视，可供他们活动的场所也很少，使他们不得不经常待在家里，久而久之，孤独感就会产生，随着年龄的增长，孤独感的体验会日益增强。又由于他们身上的残疾容易使自己过多地注意自己，因而对别人的态度和评论都特别敏感，尤其是容易计较别人对他们不恰当的称呼。如果别人做出有损于他们自尊心的事情，他们往往难以忍受，甚至会立即产生愤怒情绪或采取激烈的手段加以报复。情绪反应强且不稳定，这种特点在许多残疾人身上都相当突出。

　　而我们要做的就是告诉那些对残疾人有偏见的人们，残疾人不应被认为是残废人。躯体残疾者的思维能力和其他心理功能可以是完好无损的。精神残疾者也还保持着部分正常的心理能力，且躯体通常是完好的。只要受到必要的教育和训练，通过代偿作用，许多人甚至可以成为超越正常人的出类拔萃的人物。

　　心理学家发现，大部分残疾人都有一种补偿缺陷的强烈要求，这种要求是心理补偿的表现，是一种心理适应机制。当然，这种心理补偿的程度是因人而异的，但其作用往往是很强大的。从生理上看，身体在努力弥补，尽量使之平衡；从心理上讲，主观能动性的高度乃至极度发挥，可以使生命之光更加灿烂。

　　由于肢体残疾者在行动上有很大障碍，其行为很容易受到挫折。且残疾人因为活动场所太少而不得不经常待在家里。久而久之，孤独感就会油然而生。随着年龄的增长，孤独感的体验会日益增强,肢体残疾者会把与外界交往的欲望深深埋在心底,长期的积郁,使其人际适应力下降,人际关系的挫折感增强,容易由于交往受挫而引发心理障碍。要想让残疾人走出心理的困境,实现梦想,我们该怎么办?最好的办法就是和他们在一起,因为每个人都是天生的"自我中心者",每个人都希望别人能承认自己的价值,支持自己、接纳自己、喜欢自己。办法总比问题多,让他们迎着太阳走,生活像葵花一样;让他们艰难地往前走,前进像清泉一样;让他们努力去展示自我,自信像雄鹰一样。前行的路上始终记得这样一句话"自我找方向,亲人给力量,国家给希望"。

鼓励是前言,支持是正文,成长是结尾,要大声告诉他们,"你自己能站立起来的!"走出心灵的藩篱,插上理想的翅膀。

语言激将法

不肯说出真心话也是一些残疾人的表现,应对这种情况我们可以这样做,用激将法让他行动。"你就这样沉默下去吧,但我知道你心不甘!""你不能因为现在的这样就破罐子破摔,你就甘愿这样丧气,让人觉得不如一条狗吗!""回到你原来的位置上,你就知道你是可以成功的,没有摔倒你知道站起来的自豪吗?"

1. 人生有两条路,一条是必须走的,一条是想要走的,必须走完必须走的路,才能走自己想要走的路。

2.如果将残疾人打入另类,才真会有问题。我们和健全人真的没有很大不同。我们其实并不想让别人管得太多,我们能照顾好自己。

3.成功的花,人们只惊慕她现实的明艳!然而当初她的芽儿,沁透了奋斗的泪泉,洒遍了牺牲的血泪。

海伦·凯勒的故事

　　1880年海伦·凯勒出生于美国亚拉巴马州北部一个叫塔斯喀姆比亚的城镇。在她一岁半的时候,一场重病夺去了她的视力和听力,接着,她又丧失了语言表达能力。然而就在这黑暗而又寂寞的世界里,她竟然学会了读书和说话,并以优异的成绩毕业于美国拉德克利夫学院,成为一个学识渊博,掌握英、法、德、拉丁、希腊五种文字的著名作家和教育家。她走遍美国和世界各地,为盲人学校募集资金,把自己的一生献给了盲人福利和教育事业。她赢得了世界各国人民的赞扬,并得到许多国家政府的嘉奖。

　　一个聋盲人要脱离黑暗走向"光明",最重要的是要学会认字读书。而从学会认字到学会阅读,更要付出超乎常人的毅力。海伦是靠手指来观察老师莎莉文小姐的嘴唇,用触觉来领会她喉咙的颤动、嘴的运动和面部表情,而这往往是不准确的。她为了使自己能够发好一个词或句子,要反复练习,海伦从不在失败面前屈服。

从海伦 7 岁受教育，到考入拉德克利夫学院的 14 年间，她给亲人、朋友和同学写了大量的信，这些书信，或者描绘旅途感受，或者倾诉自己的情怀，有的则是复述刚刚听说的一个故事，内容十分丰富。在大学学习时，许多教材都没有盲文本，海伦学习这些知识要靠别人把书的内容拼写在她手上，因此她花在预习功课上的时间要比别的同学多得多。当别的同学在外面嬉戏、唱歌的时候，她却在花费很多时间努力备课。

海伦能够走出黑暗，达到那么高的学术成就，除了靠她自己的顽强毅力之外，同她的老师莎莉文的教导是分不开的。她说"我的老师安妮·曼斯菲尔德·莎莉文来到我家的这一天，是我一生中最重要的一天"，"她使我的精神获得了解放"。是她的老师教她认字，使她知道每一种事物都有个名字，也是老师教她知道什么是"爱"。海伦幼年得病致残后，变得愚昧而乖戾，几乎成了无可救药的废物，但后来她却成为一个有文化修养的大学生，这确实是个奇迹。可以说这个奇迹有一半是海伦的老师安妮·莎莉文创造出来的，是她崇高的献身精神和科学的教育方法结出的硕果。莎莉文小姐不管教海伦什么，总是用一个很好听的故事，或是一首诗来开头，她的教育经验十分丰富，教育方法也与众不同，她从不把海伦关在房间里进行死板的、注入式的课堂教育。

海伦用顽强的毅力克服生理缺陷所造成的精神痛苦。她热爱生活，会骑马、滑雪、下棋，还喜欢戏剧演出，喜爱参观博物馆和名胜古迹，并从中得到知识。她 21 岁时，和老师合作发表了她的处女作《我生活的故事》。在以后的 60 多年中她共写下了 14 部著作。

第七章 那个柔弱的她

灾难面前女性是坚强的，

灾难面前女性也是柔弱的。

也许她会失去温馨的家，

也许她会失去可爱的孩子，

也许她还会失去更多。

也许她还会拥有那些美好吗？

她还能拥有那些美好吗？

也许下面的文字能给你答案！

我还能向谁述说我的恐惧

　　灾难让我们看到了女性的坚强，然而灾难过后，由于女性的多愁善感和天生细腻敏感的感情会令许多女性产生各种各样的心理问题，这些问题如果得不到很好的舒缓就会成为伴随女性一生的心理问题。

　　李弟燕的丈夫在汶川执行救灾任务时飞机失事，在搜救的十个日夜里，她每天盯着电视看，让儿媳妇从网上搜索有关消息。即使沉沉睡去，电话铃声或是门口的一点响动，也能让她猛地坐起来："是光华吗？" 当丈夫牺牲的消息传来时，她握着丈夫的遗物———一张他们年轻时的合照痛哭失声，一直哭干了眼泪。

　　从生理角度来说，女性在身体构造、体质和生理功能等方面都与男性有差别。女子的体格不如男子粗壮；身高、体重、胸围都低于

男子;女子的皮肤柔嫩细滑;女子的肌肉不如男子发达;女子的皮下脂肪较厚;女子肺活量、握力都较男子小得多。这些差异不仅构成了女子在活动能力上受到限制，且对灾难环境中的有害因素更加敏感，所以必须加以保护和注意。

从心理角度来说，尽管人们一向认为女性在灾难面前更坚韧，但研究结果表明，地震灾难对女性心理的影响远远大于男性，是男性的 2.5 倍。

研究发现其中有部分人会由此产生一定程度的心理问题，严重的会产生自杀行为，最常见的是出现创伤后应激障碍。而研究发现，应激障碍在女性身上表现得尤为明显，约有 20.4% 的女性会明显出现这一症状，而男性遭遇创伤性事件后出现这一现象的比例只有 8.1%。

心理问题对妇女的影响不仅是其本身，她的情绪甚至对胎儿的免疫力、对子女教育都会产生不良影响。那么在重大灾难面前女性会出现哪些反应呢？

生理层面:失眠、做噩梦、易醒、容易疲倦、呼吸困难并伴有窒息感、发抖、容易出汗、消化不良、口干、性欲减退等症状。

认知层面:否认、自责、罪恶感、内疚。悔恨为什么自己还活着，自己的亲人却全部死了。恨自己救不了其他人，希望自己可以代替死去的人。自怜、不幸感、无能为力感、对周围环境安全的不确定、敌意、不信任他人等。

情绪情感层面:悲伤、愤怒、紧张、失落、麻木、恐惧、焦虑、沮丧，心里极度害怕灾难的再次降临，怕失去亲人独留自己。

行为层面:高度依赖他人，期待有人陪伴，需要轻拥、轻抚、亲吻等肢体语言，只要有空闲灾难就在眼前反复出现，一次次陷入痛苦的境地，希望回到灾难之前。

灾难是无法避免的，但灾难给女性带来的心理和身体损伤却是可以努力减轻的。心理专家认为,以下心理调适法能帮助患者走出灾难恐惧症：

1. 学会宣泄悲伤情感。

喜怒哀乐,本应是最自然的感情流露。伤心的时候,请放声大哭吧。让眼泪将哀伤、沉痛统统带走,毕竟我们不能一直活在过去里。

2. 学会舒缓紧张情绪。

最简单的方法,就是深呼吸。紧张之中,人们容易手足无措。甚至做出错误的判断,这样不够理智。放松心态再做事,反而会有事半功倍的效果。

3. 学会回忆美好事物。

灾难当中,死伤在所难免。漫长岁月里,还有很多美好事物值得一一回忆。要坚信,在我们的生活中欢喜总会大过悲伤、开心总会多于难过,我们又何必让自己总是处于躁动不安中呢?

4. 学会继续积极生活。

人们常说大难不死,必有后福。死里逃生的我们,更能明白活着已经是最好的一切。生活还在继续,所以要积极,不再虚度年华、蹉跎岁月,有生的每一天都活出自己的精彩!

5. 关爱别人,大家好才是真的好。

不要等到来不及了才知道他的好,你身边的家人、朋友、爱人,都在等着你关心、照顾,他们在爱着你的同时,更需要你的爱。

患上灾难恐惧症并不可怕,我们要有好好地活下去的坚定信心! 灾难无情,人间有爱。在爱的世界里,我们一起克服所有困难!

研究表明，有氧运动有利于女性放松心情，这些运动不仅可以帮助女性朋友保持良好的身材，在运动过程中也可以增进自己与他人的交流。女性朋友不妨走出家门，邀三五好友一起进行一项有氧运动，例如慢跑、骑自行车、游泳等。

1．不要24小时都想念同一个人。可以分一点给家人和朋友。

2．刚强的性格，固然与女性的特质不相衬，然而过分柔顺却未尝不是一种埋没个性的矫饰。

3．在所有的社会中，女人所起的作用要远远大于男同胞所承认的。

附注"我爱你"

命运女神总会有抛弃你的一天，当你不再受到眷顾，如何重新走回生活的正轨，也就成了你为之奋斗的目标。霍莉·肯尼迪是一个美丽的女人，聪明的她又幸运地找到了今生的最爱，并成为他的新娘。霍莉的"Mr.Right"是一个充满了激情，幽默而且容易冲动的爱尔兰男人，名叫格里。两个人婚后的生活，就像霍莉预料的那样，幸福到不像是真的。

所以不难想象，当格里因为一场疾病而死去的时候，霍莉的世界是如何坍塌成一片废墟的。格里的离去，也带走了霍莉对生活的渴望与信心，这个世界上，唯一能够帮助她、安慰她的人，却是那个永远都不会再出现的爱人，霍莉知道，没有人比格里更了解自己……好在格里在死前，就已经对有可能出现的情况，提前计划好了。

第一个来自于格里的信息，出现在霍莉30岁生日的那天，它以一个蛋糕和由格里自己录制的磁带的形式出现。从那以后，霍莉就不断收到类似的信息，都是格里为了鼓励她走出忧伤、重新拥抱生活而特别设计的。在随之而来的几周，乃至几个月后，更多封由格里署名的信，以各种让霍莉无比惊讶的方式抵达她的手中，每一封都在让她做出新鲜的尝试，并在信的结尾，无一例外地标注着"附注：我爱你！"

霍莉的母亲，还有她最好的朋友丹妮丝和莎拉，开始时担心格里的信会让霍莉继续沉浸在过去无法自拔，但是事实却正好相反，每多收到一封信，霍莉的生活就向前迈进了一大步。

有格里的话为她引路，霍莉重新又恢复了感动的触觉和兴奋的热情，她发现婚姻带给她的是另一个充满了喧嚣的故事，虽然那个人不会再陪伴在她身边经历这一切，但爱情是如此的强烈，最终将死亡变成了一个全新的开始。

恰似心如苦海

女性是水做的，当她们的内心被苦水灌满，她们的生命就是悲苦的，但如果她们的内心有不竭的力量，她们在悲凉世界里，就不会只有泪水、没有抗争，更不会因为悲惨的生活而让自己失去爽朗的笑声。

山花有一双令人羡慕的儿女，家里的日子也过得有滋有味的。一日，她把孩子托给公婆照顾，自己回了娘家。没想到一场泥石流夺去了为救爷爷奶奶而没来得及逃生的儿子。日后的几天，她滴水未进，在整理家园的时候，只要是看到儿子的遗物她就会大声哭喊，那哭声让村子里的人都会心痛。她不停地自责当晚不应该回娘家，恨自己为什么要回娘家。丈夫回来，她都不敢面对他，只有泪水挂在脸上，生怕丈夫会指责她。她有太多的怨气和悲苦，却不知道与谁述说，无声的泪时常流在脸颊。

之前的章节里我们已经了解了女性遇到突发性灾难时共同的普遍性的反应及应对模式，这里不再重复，而这里着重说说一个女人在失去自己的孩子时除了自责，愧疚，伤心，无奈之外还能具体做些什么。

家庭中，一个孩子的夭折，会使活着的人感到不安或害怕其他孩子会有同样的命运，那个早逝的孩子会因为父母亲不敢面对或不愿面对而成为家庭中"不能说的秘密"。其实我们应该在家庭中给这个孩子一个位置，正如他仍然活着一样，例如挂上他的照片，使他不至于被遗忘。

许多人都有一个想法，以为死掉的人就是离开了。其实他们仍然可以存在，在父母的心中存在。因此在家中他们应该得到一个位置，准确来说他们应该在父母心中有一个位置。这样本来令人痛心的死亡会变得友善，并会促进生命的发展。

我们总是认为活着具有很强的优越性，而自己的孩子却偏偏失去了这种优越性。身为母亲的女性总是会找到各种原因将孩子的离世归罪于自己的过失，因而很多女性在失去自己的孩子之后会一味地逃避，逃避逝去的孩子的一切、逃避丈夫的关爱。其实，在你想念孩子的时候你大可以与孩子对对话，告诉他："你已去世，我仍然会生活一段时间，然后也会离去。"这时活着的人的优越感会随之消失，带着和谐与信任，活着的人与死去的孩子相互联结。这样，过段时间你心里的那个孩子会自然而然地安详地离去，你也可以再把他的照片取下来保存起来或者继续挂在家里。不同的是心灵层面发生了实质性的变化。

你是否快崩溃啦

仔细阅读下面的陈述,根据自己的现状做出选择

(1)一星期中,至少有两天精神饱满、身心舒畅。

A.是　　　　B.否　　　　C.不清楚

(2)8小时以上的睡眠,仍感精神不振。

B.是　　　　B.否　　　　C.不清楚

(3)精神不振找不到生理上的原因。

C.是　　　　B.否　　　　C.不清楚

(4)以下症状,有哪几项是你经常经历的:头痛、头晕、呼吸不畅、心跳、心悸、眼花、消化不良、便秘、习惯性腹泻、精神紧张、四肢乏力、长期失眠、精神不振及容易疲倦。

A.8项以上　　B.4~7项　　C.3项以下

(5)身体不适时,是否向他人倾诉

A.时常　　　　B.偶尔　　　　C.从不

(6)你周围的人是否重视你的存在

A.非常重视　　B.重视　　　　C.不重视

评分标准

(1)A1分　B2分　C3分

(2)A2分　B1分　C3分

(3)A2分　B1分　C3分

(4)A3分　B2分　C1分

(5)A3分　B2分　C1分

(6)A1分　B2分　C3分

最后请将六题的总分相加。

0~7分,你是一个身心健康的人,

8~11分,你有神经衰弱的倾向,请改变一下目前的生活方式。

12~15分,你有严重的神经衰弱,应重视自身的生理及心理健康,必要时求助于心理医生。

1.我们在灾难中容易看到我们没有看到，更容易让我们知道,灾难之后人与人之间的情深似海,还能感受大爱的传递。

2.适当的悲哀可以表示感情的深切,过度的伤心却可以证明智慧的欠缺。

笔记本计划

　　有这样一位母亲，第一次失去了自己五岁的女儿,第二次又失去了自己三岁的女儿。两次创伤,让这位母亲从此一蹶不振。

　　她丧失了生活的信心和勇气,幸好,上天给了他们最后一个儿子,但是,她受的创伤太深了,她一直不能从这中间走出来,也一直快乐不起来。她甚至闭门不出,不和任何人再交往。直到有一天,三岁的儿子,一直缠着她,让她做一个木头船。当时她哪里有心情去做木头船呢？可是,倔强的小儿子,非要让她做,她只好翻出了工具,一点一点地做着小木船。

　　几个小时过去了,小木船做好了,她出了一身的汗,忽然感到前所未有的轻松。这种轻松,是这么久都没有过的。她在做这个小木船的这几个小时中专心致志,没有再去想悲伤的事情。她恍然大悟,原来,是自己太闲了……

151

为了让自己忘记悲伤，第二天，她拿出笔记本，一笔一笔地列出了很多很多的工作"把家里认认真真地打扫一遍、把草坪的草修剪到合适的高度、把坏了的家具修理好、把一直没有修剪过的头发好好地整理一下。对了，隔壁的那对老夫妻院子里的灯已经坏了很久了，我不妨去帮他们修修。路边的垃圾桶不知道被哪个捣蛋鬼踢翻了，看来得把它扶起来。

从这本笔记开始她又写了很多本笔记，并真的把这些事都做完了，她甚至跑去为贫苦的年轻人做证婚人。终于有一天，她觉得"为什么我从没为那两个孩子摆一张他们最好的照片呢？说真的那两个小家伙长得可真不错。"

于是她开始投入到为两个失去的孩子选照片的工作中，还有些懵懂的小儿子也老老实实地坐在旁边帮她挑选着，他们足足挑了一周的时间，开始的几天里，这项工作总是做做就不得不停下来，因为她得去哭上一会儿。但最终那两张照片终于被冲洗出来放在了两个不错的相框里，而她也能平静地在照片前看上一会儿，然后继续她的"笔记本计划"，她说："说实在的，我现在感觉我的孩子们好像也不恨我了。"

打开你的心门

> 强烈的悲伤会使女性觉得周围充满了消极的氛围，更会使女性出现逃避现状的想法。对于深受心灵伤痛影响的人，作为旁观者将如何引领她们走出来，这是一个社会的力量和正能量的具体体现。

王师傅的老婆在洪水之后，情绪就变得异常暴躁，她的母亲因为惊吓过度，在洪水退去几天之后就去世了，作为唯一的女儿，她非常痛心，因为失去了母亲的照顾，使得她没有了主心骨。看到母亲遗留下的东西，每每都要哭一场。曾经以母亲为骄傲的她，一下子丧失了自信心，因而对自己的丈夫横竖看不上，好在王师傅知道妻子的苦痛，想着法子让自己的老婆高兴。后来，妻子恢复了往日的情怀。作为丈夫总结道：想让老婆从痛苦中走出，你得让她知道她活着的意义在哪里！

父母不单单给予我们生命,他们同时抚养、教育、保护、关心我们,也给我们一个家。我们会从父母那里得到很多,父母和孩子一起构成了命运共同体,他们以各种不同的方式相互依赖。

一个人能走多远要看她与父母的关系有多亲密。我们与父母有着最深刻的连接。爱从哪里开始呢?答案是从我们母亲开始,因此我们不论在哪一个年龄阶段失去父母、失去父母的爱对人生来说都是巨大的损失。可是我们的人生就是从拥有到逐渐丧失的一个过程。我们必须接受且谦卑地尊重这一事实。

因此我们需要做的是带着爱,带着谦卑的心理对着离世的父亲或母亲说:"我从您那里得到了很多,而这已经足够了,我会一辈子带着你所给予我的礼物,这会给我带来一生的丰盛和满足,我带着您的爱再把爱传递给我的下一代,您的爱是我最好的礼物。其他我需要的,我将会自己创造。"当你带着爱真诚地完成这个仪式时,会给我们的内心带来力量,恢复内心的平静,尽早摆脱失去父母的苦痛。

作为她们的亲友,在此时给予痛失父母的女性们以支持也是非常有必要的,具体来说可以这样做:

1. 陪着她们说话。对于那些惊恐未定的女性,陪伴在她们身边是非常重要的,如果她不停诉说灾难的情景,不要阻断她的叙述,做一个善解人意的倾听者,并让她感觉到你能够理解她的感受,理解她的悲哀方式,感同身受她面临的苦难、无助、绝望的同时向她传递一种信息,那就是"你并不孤单,还有很多人在你的身边,还有来自你整个家族系统的力量,还有来自全社会的温暖的支持"。

2. 遇到极度悲伤的人,比如正在痛哭的人,不要阻止她的痛哭,而是在旁边安慰,哪怕不说一句话,只是默默地握着她的手,搀扶着她,或者给她一个温暖的拥抱,给她创造温暖、尊重、释怀、自由哭泣的空间对她都是很好的心理支持。让她知道痛哭是正常的反应,不要压抑自己,面对灾难,渺小的我们有伤心悲伤恸哭的权利。而千万不可说"不要哭,你能活下来就是幸运的了……"之类的话,而要告诉她们:"你现在不应该去克制自己的情感,哭泣、愤怒、憎恨、想报复等都可以,你要表达出来。"要让她把痛苦的情绪释放出来的同时向她传递一种信息:还有很多人需要她,她绝对不能倒下。因为这种极度的情绪宣泄对平复她的情绪,使她接纳现实的帮助是非常大的。

3. 对她提出的问题不要刻意逃避,最好如实告知她事情的真相,这样有助她接受事实,并尽量巧妙地引导她换位思考,"如果死的是自己,你会希望亲人怎么样地活着?"

小贴士

心里郁闷的女性需要有一个依靠,适当地将她们组织起来,进行一些有趣的活动是可以缓解心中郁闷和痛苦的。女性有一个先天的优点,就是一般她们是愿意与他人在一起说话的,同时她们的情感也相对直接。比如,利用广场舞,就可以为那些女性创造一个良好的环境,让她们慢慢地快乐起来。

名言励志

1. 由于痛苦而将自己看得太低就是自卑。

2. 自责之外,无胜人之术,自强之外,无上人之术!

3. 自助,是成功的最好办法。

一把芥菜种子

释迦牟尼在世的时候，有个女人名叫奇莎格达莱，她老年得子，十分疼爱她的儿子，视其为掌上明珠。可是她的儿子在恒河游泳时不幸淹死了，她无法接受这个事实，伤心不已，四处寻访名医圣者，希望能找到一种能让她的儿子起死回生的药。当她听说成道的释迦牟尼佛无所不能时，便来到佛祖面前，苦苦哀求佛祖救救他的儿子。

"我知道确实有这种药。"佛祖略为沉思了一下，回答道，"不过我需要一把芥菜的种子作原料。但是有一个条件，这把芥菜的种子必须来自一个从来没有孩子、配偶、父母或亲戚死亡过的家庭。"

按照佛祖的要求，奇莎格达莱开始一家一家地寻找芥菜种子。可是她很快发现，菜种几乎家家都有，并且大家都很愿意提供，但当她问到这个家里是否曾经有人过世时，发现原来无论生活贫富，每个家庭都有亲人逝去。她几乎寻访过城中所有的家庭，却根本无法找到一个能免受死亡之苦的家庭。在寻找过程中她渐渐明白，在这个世间并不是只有她一个人在孤单地承受着这种难忍的苦痛。因此，她终于放下心爱儿子的尸体，再次回到佛祖的身边。

佛祖对她说道："你以为只有你失去了儿子吗？其实死亡的律法是无人能幸免的，包括我。而这个世间也不会存在着永恒不变的事实。"

第八章
男性的伤痛

当你决心走向死亡时，你可曾想过，若有天国，你将如何面对逝去的亲人……若无天国，你的无言离去，可还有意义？堂堂七尺男儿身，怎能因为这一场灾难便不再挺立。洒尽热泪后的崛起才是你该有的担当。无助之时，翻开本章，让我们伴你走出阴霾！

男人的紧张和恐慌

> 　　无论什么人都会在灾难面前表现出紧张和恐慌，男人也不例外！但为什么会在这里把男人这个群体拿出来要单独进行解读呢？在人们的内心里：男人代表着力量、代表着理性、代表着遇事从容不迫的气度。但同时也要关注男人内心在灾难面前的脆弱与无助，多一份关注才是撑起一片天的必由之路。

　　幸免于"5·12 地震"的北川县藏羌汉子董玉飞依然走了。当妻子发现自杀的董玉飞时，他的脖子上紧紧缠绕着一根长约一米的灰白色帆布带，带子的一端绑在一张高度不到一米的木床头上，四肢平伸仰卧在床上。这个曾被同事戏称为"棍子都打不死"的壮汉被自己用绳子勒死了。他的遗书仅五六言，是留给弟弟董卓锴的，"卓锴弟：抗震救灾到安置重建，我每天都感到工作、生活压力实在太大。我的确支撑不下去了。我想好好休息一下。我走后，父母和嫂子只有难为你一人多加照顾了。跪别父母、岳父母。"

　　研究发现,应激障碍在女性身上表现得尤为明显,约有 20.4% 的女性会明显出现这一症状,而男性遭遇创伤性事件后出现这一现象的比例只有 8.1%。但是,就目前数据统计来看,全球男性自杀死亡率比女性高 3 倍,近几年男性自杀率还有升高的趋势。女性在灾难面前虽然出现创伤后应激障碍要高于男性,但后续所获得的人文关怀也高于男性。

　　国内一份研究资料这样显示,男性为什么有较高的自杀率?主要因为在当今社会生活中,男性比女性承受更多的社会责任,尤其在灾难面前,"男儿有泪不轻弹"的想法深入大众,所有的痛苦只能自己扛、自己承受,他们肩负着灾后重建的压力会更大。再加之男性不善于倾诉和沟通,所以遭遇重创或挫折时,不善于寻求帮助,最终更容易导致心理崩溃。就像木片容易折断,而柳条不易折断一样,越是刚强的男人,越难以承受突如其来的巨大打击。所以男人也需要向家人和朋友表达内心真实感受,这样的宣泄不但能减缓心理压力与负担,还能因为得到家人和朋友的理解与支持,而形成强大的心理动力支持。

　　那么我们先谈一下在灾难面前男人们有可能会想到什么:

　　1. 很担心灾难会再度发生、担心自己或亲人会再受到伤害、也会害怕只剩下自己一人生活、担心自己会崩溃或无法控制自己。

　　2. 觉得无助,"没有人可以帮助我",觉得人好脆弱,人生好无常。

　　3. 为亲人或其他人的死伤感到很难过、很悲痛。

　　4. 思念逝去的亲人,觉得很空虚。

　　5. 不知道将来该怎么办,感觉前途茫茫。

6. 期待赶快重建家园。

面对家人或亲友的死伤,作为男人也许会有以下的想法:

1. 恨自己没有能力救出家人。

2. 希望死的人是自己而不是亲人。

3. 觉得对不起家人。

4. 觉得上天怎么可以对自己这么不公平。

5. 不断地期待奇迹出现,却又一再失望。

你也许会对救灾工作感到愤怒,你会觉得:

1. 救灾的动作太慢。

2. 生气救灾人员没有尽力抢救。

3. 认为别人根本不知道自己的需要及感受。

4. 救灾人员的处理方式让你很生气。

伴随这些心情与感觉, 作为男人的你可能会有以下的身体症状一同出现:

疲倦、失眠、做噩梦、心跳突然加快、肌肉疼痛、健忘、注意力不集中、呼吸困难、心神不宁、晕眩、发抖、胸口郁闷。

很多男性朋友会困惑,有这些反应正常吗? 我该怎么办?

其实,经历大灾难后,大部分的人都会产生以上的感觉,这是正常的反应,这些反应与性别无关。作为"坚强的男人"不要隐藏你的感觉,试着说出你的感觉,并且让家人、孩子与朋友一起分担你们的悲痛,这样会让你感到比较好过,为真正撑起一片天打个好基础。请放心地表达这些感觉,如果压抑这些情绪或想法,反而会造成心理紧张与身体不适,使我们这些堂堂男儿复原的时间拉长。

在伤痛过后,男性朋友们可以做什么?

在伤害与伤痛过去后,尽量让你的生活作息恢复正常,提醒自己在做事或开车时一定要小心,因为在重大灾难的压力过后,意外

(如车祸)会更容易发生。

那么,当你已经试着抒发心情了,接下来你还可能面对什么状况呢?

在一段时期内,你可能会持续前面提到的身体症状与心理担忧,且会在心理上出现反复,而且失去了对平常事物的兴趣或往日的欢乐,饮食习惯改变(改变食欲和体重的增减),有死亡或自杀的念头并企图自杀,工作不顺利或是人际关系变差,生活秩序一片混乱。你还可能出现滥用药物,过量地抽烟、酗酒等。

如果经过一段时间之后,你还有以上所说的状况,你该怎么办?答案就是走进心理服务机构,因为这时的你可能真的需要一些专业的心理援助了。

小贴士

灾难过后,很多人对生活都有了新的感悟。最近,有关灾难的话题是否在你和你的爱人之间时常被提及?你的心情会因此受到很大影响吗?这种情况下,你能有效处理自己的"情绪污染"吗?不妨叫上你的爱人一起来测测你们的"爱情环保能力"吧!

地震发生之后,每个人都心系灾区,哀伤不已。当和亲密爱人聊到这一话题时,你的表现会是:

A.关注他(她)的心情,先倾听,再交流自己想法。

B.察觉对方的难受,想办法化解,逗他(她)开心。

C.心情起伏不定,容易因为小事对他(她)发脾气。

D.心里难受,选择沉默,避而不谈。

选项A.爱情环保专家。你的爱情环保能力很棒。你掌握了两性沟通之中的一大法宝——倾听。你知道当外界影响了自我情绪的时候,及时的宣泄能够起到一定的情绪自净作用。

选项B.爱情环保大师。你的爱情环保能力一流。在各种困境面前,你不仅能够管理自我的情绪,也能时刻体察对方的情绪变化,给予其最最贴心的关怀,让亲密爱人感动不已。

选项C.爱情环保实习生。你的爱情环保能力亟须提高。爱情中,我们往往会把自己无法处理的负面情绪迁怒于自己最亲近的人,以此获得一些宣泄和放松。这在不知不觉中就让你的负面情绪影响了你们的关系。

选项D.爱情环保员。你的爱情环保能力一般。面对负面情绪的时候,你容易受其影响。虽然你能控制自己,没有爆发,不过你所采取的"冷处理"方式,其实并不够积极。

危机时刻安全逃生

1. 真正的坚忍是当一个人无论遇到什么灾祸或危险的时候，他都能够镇静自处，尽责不辍。

2. 人的一生中，最光辉的一天并非是功成名就那天，而是从悲叹与绝望中奋起、勇往直前的那天。

心灵中涌出的泪

王超经历了这辈子最难忘的一天。一天来，他和战士们一样，丝毫没有感受到徒步在山区开拔的劳顿，只有心灵的震颤，和不由自主涌出来的泪水。进入北川县城的 7 个小时转眼就过去了，王超见到了人在自然灾害面前的脆弱和无助，见到了被爱和信念驱使着的人们的坚韧和执着，以及战士们最无私无畏的付出。

王超跟随的江苏首批消防救援队是在 5 月 13 日凌晨 1 点 20 分到达四川北部城市绵阳，又得知将要前往北川县。那里，是此次大地震受灾最严重的县之一。"好，好，轻一点，慢一点！"下午 4:45，第一个孩子被消防战士小心地托了出来，是个女孩。看着她的身体完全离开地面后，战士们泪流满面，我的鼻子酸了一下，泪水不知不觉流了出来。语言已经无法形容我当时的感受！这些场景在受灾现场比比皆是，这些反应都是作为人的最真切的情绪体验，也许脆弱，也许无助，但和对错无关！

给你一种力量

由于自己的疏忽而使亲人在灾难中丧生,当事人会陷入深深的自责中。"亲人啊,你在天堂会恨我吗?""你在天堂会孤独吗?我想找你去,你说我去吗?""我不能原谅自己的当初,我不知道我的心在哪里。"

这是一个早春的傍晚,青海玉树县一个普通的家庭中,一家四口人在其乐融融地吃晚饭,老人吃完晚饭,就要回离县城不远的村庄开始春耕了,老人吃完饭,带着儿孙的挽留回去了。谁知第二天,也就是 2010 年 4 月 13 日早上 7 点 49 分,发生 7.1 级地震。儿子急切地赶回村庄,看到的是解放军抬出的父亲的尸体。儿子跪在父亲的身旁,泪如泉涌,却说不出一句话来。以后的几天,他依然是神情恍惚地站立在家的废墟旁,他一直沉浸在深深的自责当中。

在失去父亲的儿子的心中，父亲的离去实际上是一种对自信心的打击。在父亲面前永远是孩子的他，一下子失去父亲，就是晴天霹雳，会造成精神上的恐惧和身体器官的短暂损伤。内心的焦虑和恐惧，会让他夜不能寐。

父亲的离世也是男人心理的一个重大的转折，对于成年的儿子而言，父亲往往是一种幸福和自信的源泉。但意外失去父亲的男人，会出现崩溃式的心理问题，如果他再把自责和自己对接，就会令他更加痛苦。

怎么才能让他走出来呢？这就需要家人给他力量。要告诉他，"你的家还有你，不会塌下的"。还要让他把没有留住父亲而造成的自责说出来，还要跟他说："你是一个孝顺和知道感恩的儿子！"帮他料理亲人的后事，整理亲人的遗物，他会心安一下。对他认可也是一种支持。

家中有亲人离世的男性，往往都希望自己在第一时间强大起来。而实际上，男人有时更脆弱。由于前期的担当和后期的孤独，他们内心的压力会更大，同时自我的谴责也会更多，对自己的不自信也会日渐增长，自责会伴生出现这样的问题：逃避和放弃！有时还会出现酗酒、暴力、自杀等问题。如果，他的表现比较严重，就要做一定的"危机心理干预"。

在危机心理干预的时候，我们形象地给失去亲人的男人三种"武器"："一把手枪"、"三颗子弹"、"一把匕首"。"手枪"的用处是向自己身上的问题"瞄准"，子弹是在有保留的前提下打击非理性的"敌人"，而"匕首"是将自己身上的"脓疮"割去，前提是"保证生命的存在性"！现实中这种行为主义的治疗方式，往往会得到非常好的效果。对于身边有类似情况的朋友，不妨也送给他这三样"武器"，让他知道你是他的朋友，理解和知晓他的苦衷，愿意成为他的

"同行者",这样,他内心的压力就会降低,并在他自己的行动实践中找到自己的"路"。也就是我们常说的,自己不舒服了,主动找一个能让自己舒服的方式,于是他找到了,也就舒服了。

对于深陷悲痛之中的人需要更多的关爱,最重要的就是"让他有一个情感的对接和自我的释放"。男人陷入悲伤的时间和历程越长,悲伤和抑郁就越难以得到缓解,就会影响未来的生活和工作。

小贴士

1. 杯酒释怀:作为他的好友,不妨在他料理完家事之后,请他出来坐坐,也许,他会说出一些他想说的,这对于他来讲是非常有意义的。不过要切记一个人喝酒伤身,几个人喝酒才能释怀。

2. 七七祭奠:这也是一个值得推行的方式。祭奠能让他宣泄情感,也能让他成长,不论是痛苦号啕,还是久跪不起,都是一种心理的解脱。

名言励志

1. 纠结的生活和烦恼的事情,都来自自己对自己的反感。

2. 一个内心惆怅的人,实际上是一个想让生活美好的人,就是不知道如何去做!

坚强地站立

他是一个坚强的人，也是一个大家瞩目的英雄。因为，水灾之后，他第一时间去的是他"蹲点"的村子，没有回自己受灾的老家，他也想过，年迈的父母不会有事的，家里的房子在坡上，离河槽较远，洪水是淹不到那里的，他心里只想着他"蹲点"的山村。

泥泞中他走遍所有的茅屋，风雨中他来到了五保户的家里问寒送暖，他负责的村庄没有一个人失踪和死亡。但三天后，他得到了一个不幸的消息，家里的老屋坍塌了，老人遇难了。他一下子坐在了地上。他不敢想象，父母在风雨中的惊恐和对于儿子的呼唤，他仿佛一下被抽干了力气。当他赶到家里，望着倒塌的房屋，他久久地跪在那里，泪水肆意地淌着。从那之后，他就像失去了魂似的。

他敷衍着别人的安慰，不想吃饭，也睡不着觉。眼前老像是晃动着两位老人呼唤他的身影。他太痛苦了，内心的愧疚让他难以平静。怎么办？如何能让自己走出这样的困境？这已经让他不能很好地工作了。

儿子从大学回来看到自己父亲的现状，也觉得这样会出问题的，于是想到了老师提到过，失去亲人的人，会出现"心理应激悲伤症"，这是一种严重的心理问题，是因为自责和愧疚对自己的强迫，而造成的抑郁障碍。于是他带着父亲到医院就诊。医生给出了三个建议：一是需要休息，并进行必要的运动，让儿子带父亲出趟门。二是有必要去为老人上上坟，让他与老人说说心里话。三是如果睡眠不好，可以服用适量安眠药进行调节。看似简单的几句话，他没有更多的回馈。离开之际，医生说了一句话："你是不是想用你的生命换取父母的活着？"一句话，他的泪水像打开的闸门，埋在心底的郁闷也随之涌出，他没有顾忌地放声大哭，甚至全身都在抽动，医生和他儿子把他扶上了床，他躺在那里任泪水横流，像个孩子委屈地抽泣。

之后，儿子又带他来到老人的坟前进行祭奠，他长跪在父母的坟前，让自己的心与父母对话。

经过一个月的调整，他又回到了工作岗位。

再造一个温暖的家

"亲人的离世,被压垮的房舍,冲毁的家园,此时我一无所有。我哭过、我愤怒过,我抱怨上天对我的不公,我苦心经营的人生就这样付之一炬?我作为男人的尊严就这样粉身碎骨?"也许你选择从此消沉下去,像一粒尘埃漂浮在宇宙中永远苟且下去;也许你选择重新开始,"我跌倒的地方也正是我站起来从新开始的地方,我要让大家看到我的力量,带着亲人的祝福重新建立我们的家园。"

2008 年冬季,我国南方大面积雪灾,南方受灾省份抗灾救灾刻不容缓,从政府部门到田间百姓,所有的人都在倾其所有投入到灾后的重建工作中去。河北唐山十三位普普通通的农民兄弟的故事就是其中一幕。大年三十那天,河北唐山有十三位农民兄弟,他们开着租来的车,汇入到全国支援湖南抗灾的队伍中。在多只救援队伍里,这只自发组建的救援小分队行动特别,风采撩人。

　　我们传统的对待灾难的说法,就是要坚强,一定要战胜困难。但是这么大的灾难,再硬的男子汉也要受到一定的创伤,这个创伤是存在的,我们最终是要达到一个重建家园的目标,那么要真正达到重建家园的办法是把心理创伤先处理好。在这个前提下我们尽快重建家园也会成为修复我们心灵的一把钥匙。

　　灾难来临后家园的毁损是可想而知的,抓紧自救,快速恢复生活状态,为什么会是一味很好的心理治疗良药呢?因为当灾难来临后,家园毁损了、亲人逝去了,这种现象带来的严重后果就是对人类心灵的伤害,这在心理学的角度意味着一种毁灭感,失去了掌控感。但当我们把被毁损的家园尽快地建立起来后,这种心理感觉就会转变为"我还有家、我还能够掌控我的生活、我还能够创造未来、我还是有能力的",这种心理的积极暗示本身就是对自己的肯定和接纳,反过来就会修复因灾害所带来的心理创伤。这种修复又会提高灾后自我家园重建的效率与完整度。但这里有个前提,就是首先处理一些心理创伤,这会加速我们的重建速度。

　　　　对于男人,不要主动与他们谈起灾难的事件,人们在处理痛苦及悲伤时需要慢慢"调整剂量",而一段正常的,暂时不理会痛苦的时间也是重要的。谈论平常的事而且能随心地笑出来对痊愈会有很大的帮助。

1. 在困厄颠沛的时候能坚定不移,这就是一个男人真正令人钦佩的不凡之处。

2. 困境催人奋进,激起自强自立的力量。成功之道在于努力。许多责任感强烈的名人,其业绩就是在折磨、考验和疑难中开创的。

3. 我过了一些很困难的日子,在回忆的时候唯一能安慰我的,乃是不管怎样困难,我还是诚实地应付过来,而且头昂起很高。

"留得青山在"的豁达

见到龚孝安时,他正开着他的皮卡车带着身体不方便的妻子在市场买石料。他和拉货的司机熟稔地讲价,脸上的神情淡然从容,看不出半点因地震遗留下的沧桑。他说,"5·12"大地震让北川很多家庭都遭遇了不幸,自己家还算是幸运的,至少人还在,家还在。虽然自己多年的劳力都在地震中化为乌有,但龚孝安说:"留得青山在,不怕没柴烧,只要我还活着,只要我四肢健全,只要一家人能好好在一起,一切都可以重新开始。"

龚孝安的千万家产在地震中消失,女儿因为地震失去了一条腿,但女儿的乐观和坚强给了他重建家园的希望。在重建之初的日子,艰难得不堪回首。地震时,龚孝安的养殖场彻底被毁。但艰辛的付出终于有了回报。如今,龚孝安的养殖场内野猪已经发展到300多头, 而地震中损毁的度假村经过修复,今年5月也重新开门营业了。

第九章
老人的无助与渴望

他们的前半生，或轰轰烈烈，或平平淡淡，但他们总是幸福的。一场灾难却摧毁了他们倾尽半生建起的家，夺走了他们拼尽全力守护的人。纵横的泪水已不足以荡尽心中的悲苦，他们该何去何从？也许答案就在这一章中！

老人的沉默和泪水

世间最大的悲哀莫过于白发人送黑发人,这样的悲剧会痛碎亲人的心,会让活着的老人走进悲哀的漩涡中。然而,逝人已去,我们缅怀逝者的同时,更不要忘记那些由此而受到情感创伤的生存者。他们是多么渴望能健康地生活,多么渴望有人能关心他们啊。

母林贤是母广坪最小的儿子,1971年出生, 是全北川手艺最好的理发师。地震时,他被坍塌的楼板砸中,离开了亲人。5月16日上午,父亲母广坪叫来少数几个活着的亲人,把母林贤抬上山,母广坪动手挖坑,将儿子埋在两个旧墓旁——那一带风水最好的地方。

老人孤清的背影映在儿子的坟前,有着难以言喻的凄凉……

大约一千年前，宋朝人陈元靓提出了"养儿防老、积谷防饥"的名言。在中国延续了千年的"养儿防老"的传统文化观念根深蒂固。各种灾难发生后白发人送黑发人这一惨痛的事实使老年人生活的一个支柱，精神上的一个支柱以及心理上的一份依赖一下子就丧失了，这时老年人通常表现为震惊、麻木、否认、不思饮食，言语和动作明显减少，对周遭人、事、物麻木不仁，毫不关心。这种态度可能会对老年人的情绪起到短暂的保护作用，但麻木之后随之而来的将会是更痛苦的内心感受和更深刻的伤害。这种麻木的状态甚至会令老人沉浸在孩子还活着的幻想中，反而对周围的亲人视而不见。

出现错觉，在一定程度上讲是正常的，这也是一种生理的自我保护方式，可以防止心理结构被强力冲击之后出现混乱。包括认知的混乱、和外界沟通的混乱都可以通过这种幻觉的形式得到保护，所以我们从危机干预的角度或治疗的角度应该理解甚至支持老年人在这个状态里待上一段时间。而这个过程会因个体差异不同和社会支持系统不同而持续许多天甚至几个月。但这并不代表周围人可以放任老人的这种情绪，相反，作为亲友在此时应该给予老年人更多的关爱，以帮助他们缩短这一过程。

心理学专家将老年丧子的心理过程归纳为如下四个阶段：

第一阶段：对突如其来的灾难持否认态度，拒绝接受孩子离世的事实。不敢相信刚才还有说有笑的孩子，突然间就离自己而去。在最初的日子里，老人的言行木讷。

第二阶段：开始有苦痛的感觉，开始回忆事情发生的来龙去脉，进而自责或责怪他人。痛苦、自责、气愤交织在一起，心情处于极度焦灼状态。

第三阶段：无论指责还是自责，当一切平息之后，便是情绪的极度低落，表现为情感冷漠，对于任何人任何事都漠不关心。不愿出去走动,更不喜欢参加各种形式的聚会,就连每日三餐,也成了可有可无的事情。有的老人甚至几天不进食都没有饥饿感觉。不喜欢看到孩子昔日的同学、朋友、同事。失眠,即使睡着也会被噩梦惊醒。

第四阶段:心灵修复期。接受事实,并考虑未来如何生活。

以上所说的四个过程没有准确的时间界限,与老人所处的环境,当地的社会支持系统,家庭结构中其他成员对待老人的态度,老人自身的精神状态、心理抗打击能力都有直接的关联的。

白发人为黑发人送终,其内心的悲痛往往令人无法承受,有的时候直接劝慰未必有效,大家不妨看看下面心理救助人员通过一些巧妙的方法缓解其悲伤情绪的案例,或许会对帮助老年人走出丧子之痛有所启发。

地震中,一个原本热闹的家族就只有年迈的老人和年幼的孙儿幸存,老人悲痛地哭诉她的儿子媳妇都在地震中丧生,她的7岁的孙子只是坐在一旁抱着膝盖沉默地流泪,一言不发。心理医生没有进行说教或简单的劝慰,而是让老人回头看看自己的孙儿,看看孩子长流的泪水,提醒老人,孩子幼小的心灵更加脆弱,面对突如其来的灾难,孩子会更加难以承受失去亲人的痛苦。老人看到孙儿,一把搂过孩子,也许拥抱给了彼此力量,老人不再诉说,孩子不再哭泣。

可以看到:老人和孩子虽然一样都是心理极为脆弱的,但老人毕竟是走过了漫长的人生路,经历过风雨的,也具备一定的心理承受能力和适应力。将老人的注意力从死者转向生者,可以给老人重塑生命的希望。因为他们明白,比起对逝者的思念,当下对孩子的照顾更加重要。以上案例中的心理医生非常成功地做了注意力转移训练,非常巧妙地把过去与现实,老人与孙子做了一个温暖的连接,唤醒了老人的爱和责任感。

美国北卡罗来纳州大学针对140个63岁以上老年人进行了一项研究，研究结果显示其中玩游戏的人要比不玩游戏的人更快乐，更爱社交，也能更好地调整情绪。即使是偶尔玩游戏的老年人也显示出这样的特点，而完全不玩游戏的老年人则更容易出现沮丧等负面情绪。

1. 与死亡俱来的一切,往往比死亡更骇人:呻吟与痉挛,变色的面目,亲友的哭泣,丧服与葬仪。

2. 悲伤是一种健康的情感,它帮助我们承受并度过不时降临在我们每一个人头上的不幸。

我叫解为民

几年前,一位老人的儿子在云南边防执行任务时牺牲了。老人虽然失去了儿子,但每个月都可以收到云南边防寄来的20元钱,署名是一个叫"解为民"的战士。有一次,老人实在忍不住,叫自己的邻居小刚给"解为民"写了一封信。"解为民"看了信,知道了老人家最大的难处是孤独,于是老人以后月月都可以收到一封来自"解为民"的信，署名写着四个大字——您的儿子。

老人失去亲生儿子后，他没有流一滴泪。因为他知道，儿子是为国家牺牲的，儿子死得光荣，老人把悲伤和痛苦压在心底。"解为民"的出现，让老人减轻了孤独感，心里的悲痛也减少了许多。老人真正把"解为民"当成了儿子，他们成了一对未曾谋面的"名副其实"的父子。 解为民一直尽着当儿子的义务，坚持每月给老人寄钱、写信。是他帮助这位独自承受痛苦的老人走出了阴霾。

关注的力量

现在人们常说，"一家一个孩子，哪个不是如珠似宝地宠着，别说出啥意外，就是碰破块皮，当父母的都得心疼半天！"然而灾难无情，每到灾难发生时，总会有很多父母因此失去他们唯一的孩子。这样的打击可以说是致命的，但生活总要继续，他们要如何走出阴霾重新开始新生活呢？

2012 年 1 月 22 日，除夕。在南昌市郊的莲塘公墓里，传来了一对夫妇的哭声。这一对夫妇抱着女儿的坟头，对着地下的孩子说："今天过年了，我们吃年夜饭，你吃一点啊。"去年的一场发生在校园外的车祸，让夫妇俩永远失去了他们 23 岁的女儿。悲剧发生后孩子的父亲曾两次试图自杀，都被妻子拦了下来，"他每天都喊着女儿的名字，有时还撕扯着自己的衣服大叫。"

《独生子女夭亡家庭生存状况调查》告诉我们，"2000 年全国第五次人口普查数据显示，我国农村地区曾经有过一个孩子但现在无后的家庭有 57 万之多。"考虑到 1991 年以前我国农村极少有独生子女，和 2000 年以后每年出生人口的进一步下降，那么现在我国农村这类失独家庭应该在 120 万以上。30 年前，城市人口基数虽然只占全国人口的 20%，但现在已经接近一半，而且城市独生子女占城市全部出生人口的比例很高，所以城市失独家庭只会比农村多而不会比农村少。最保守的估计，我国这类失独家庭也在 250 万个以上。

失独家庭的家庭氛围，往往会让家庭成员产生有如掉进冰冷山洞一般的感受，内外都是冷酷的。家庭会变得没有生气。夫妻的交流会渐少，同时，会出现"一夜白了头"的现象。这些父母会出现强烈的"退缩"现象，不聚会、不过节、不出门。夫妻之间这种相依为命的状态，会令他们的生活更加举步维艰。自卑和愤恨的交错逐渐使他们成为社会的"边缘人"。憔悴、不与人交流，将自己包裹得很严，生怕别人认出来，这种外在的状态甚至成了失独家长的一大特点。如果这种失独悲剧发生在夫妻不能再生育儿女的中老年时期，那么无疑会令他们的心理创伤雪上加霜。

失独父母在心理上首先会出现"丧恸"，是指对丧失或死别的多重反应。这些反应除了在感情上外，也包括生理、认知、行为、社交及精神的层面。丧恸很多时候都与所爱的人离世有关，但同时亦可以是失去职业、宠物、地位、安全感或财产。反应可以随着性格、家庭、文化及宗教而有所不同。

丧恸虽然是生活的一部分，但若缺乏支持则会有一定风险。严重的反应可能会引起家庭问题或对成员的伤害，例如孩子的死亡会增加离婚的风险。个人的信念或信仰亦会受到挑战，在面对严重伤痛时人们往往会重新审定个人的立场。

丧恸阶段之后是哀伤阶段。这时会出现哭泣、空虚、无望、愤怒、暴躁、失眠、害怕、不易专心、与他人疏远及体重下降等症状。这一时期的老人会经常回忆孩子在世时的情况,脑海中充满死者的影像并因此陷入深深的自责中,责备自己没有照顾和保护好孩子。有些人甚至会出现自罪、自残行为,如有的老人觉得是自己曾经犯下的某些错误才导致孩子受伤或遇难,有的老人想用自我惩罚或放弃自我生命的方式祈求所谓"上天"让自己的亲人有生还机会。在这个阶段需要外界、亲人及专业的心理咨询师的心理干预及治疗。

一个人处在哀伤阶段,他的注意力水平是非常低下的,吸纳外界信息的能力几乎为零,这时必须通过一些方法,把老人的注意力从悲痛中引出来,只有先把心门敞开才能输入进外界的信息,才能逐步正视现实,接纳现实。

那么作为突遭不幸的老年人自己应该如何进行自我调整呢?

首先我们要与失去的孩子做一个心灵层面的告别仪式。父母可以带着爱庄重地站在孩子的坟墓前或遗像前,真诚地对孩子说下面的一段话"我的孩子你走了,你带着我们的爱到了另一个世界,这是我们的命运,我尊重我们的命运;这也是你的命运,我们也尊重你的命运。我们还要带着我们的爱继续生活一段时间,完成我们未完成的心愿。我们知道你是希望我们好好活着的"。这样的"心理仪式"会让活着的人从内心得到释怀从而更容易把注意力转移到自己未来的生活规划中。当然这样的方法如果有专业的心理师协助完成会更加理想。

接下来请多关注你还可以做什么。多考虑如何让有生之年度过得更有意义的问题,多关注社会的积极层面,把自己的时间、精力和爱奉献给周围更需要帮助的人。走出自己的房间,多与周围人聊天、共处，可以组织身边同样正在忍受失独之痛的家长们建立"失独家庭互助会"来互相安慰和鼓励。寻找更多的社会资源，培养一种健康的情感，使自己的晚年生活有具体的事情做。

作为与这些家庭有关的人来说，我们需要做这样的几件事：

一是不去谈他们儿女的过去。

二是帮助他们做一些他们想做又不能做的事情，例如一些体力活等。

三是和他们共同开创一些对他们未来有意义的事情，或是成为他们家里的"常客"，这会给他们带来更多的挂念和快乐。

有可能的话，可以让更多的年轻人参与这样的公益活动，成为他们的"义子"，并呈现一种互动和交流的态势，让后天的情来弥补他们亲情的缺失，使这些失去子女的人，感受到晚辈带来的快乐和幸福。

同时，除了关注老年人的心理变化，还要关注他们的身体状况，更应防范既往有严重疾病的老人由于过度悲伤、难以接受现实而出现意外。

2007 年，人口计生委、财政部联合发出通知，决定从当年开始，在全国开展独生子女伤残死亡家庭扶助制度试点工作。

根据这一通知，独生子女伤残死亡后未再生育或合法收养子女的夫妻，符合相应条件的，由政府给予每人每月不低于 80 元和 100 元的扶助金，直至亡故为止。

1.虽然男人原是"铁石心肠",但只要当了父亲,他就有一颗温柔的心。

2.凡是发生过悲剧的地方,恐怖和怜悯就会留在那里。

无尽的伤痛

2007年,孙医生的女儿安然刚刚从澳洲留学归来。

作为一名网络小说家,安然可以算得上是红人。她在网上拥有众多的粉丝。天蝎座的她11月份刚过完自己27岁的生日,便跟一帮朋友们说:"我不想过28岁的生日了,希望我永远都是27岁的样子。"谁知一语成谶,两个月后,她的生命便当真定格在了27岁那年的青春时光里。

女儿屋子里的一切都如同她生前的模样。孙太太隔三岔五就会仔细打扫一番。聊起女儿的事,孙医生把手插进自己花白的头发里,头深深地埋下去。

"我们一直都很后悔,不知道当时为何要跟自己的孩子较劲儿,如果当初我们不那样偏强,孩子可能就不会死。在她最最需要我们的时候,我们偏偏在闹情绪。"

原来,2008年1月11日晚,安然和父母发生了一些口角,愤然离家出走。出于赌气,她选择住在了一个离家较近的旅馆。而孙医生夫妇也因为赌气，并没有强烈要求女儿回家。

1月12日下午，原本跟安然约好要谈稿子的朋友拨打安然的手机，电话是通的，却始终没人接听。

傍晚，孙医生夫妇接到了派出所的电话，要求他们辨认女儿的尸体。这消息仿佛晴天霹雳，万箭穿心的感觉瞬间击倒了这对看惯别人生离死别的医生夫妇，他们的世界瞬间溃败。

"去停尸房的时候，安然像是睡着的样子，脸上还有红晕。她妈妈使劲摇晃着她，要她别开这种玩笑，赶紧起来跟我们嘻皮笑脸，顶嘴也没有关系……是心肌梗塞……她在发病的时候一定非常渴望有人能够出现，帮她一把。如果当时发生在家里，我是医生，怎么也不会让女儿就这样死去！"

可是她永远无法知道，她跟其他已经逝去的独生子女们带走的是父母永远无法挽回的心中挚爱与灵魂支柱。

让我陪伴你

关爱老人是中华民族的传统美德，更是社会文明程度的集中表现。看到那些步履蹒跚的老人，你是否会停下来向他们问好，当他们需要我们的时候，你能否不遗余力地为他们献上我们的爱。当他们在节日里孤灯枯坐的时候，你是否会像他们的孩子一样敲开他的门，高兴地说："爸爸、妈妈我来陪你们来了！"

在玉树地震中有一个三口之家，夫妻和睦，儿子孝顺，家里只靠父亲的收入维持全家人的生计。日子虽不算富有可也算安逸。可是在女主人49岁时丈夫因心脏病突发，没有来得及去医院抢救就去世了，那一年是他们结婚27周年，儿子还小，丈夫就这样撇下妻儿走了。他们的生活一下子陷入了一片混乱之中。

在研究老人问题的著作中最常出现的一个主题就是依赖。依赖别人就使自己变得脆弱、易受伤害,在老人身上会出现四种典型的依赖现象。其分别是:

经济依赖:产生于当老人不再是一位"赚钱者",而必须依赖退休金、社会福利与家人支助时。

身体依赖:产生于当这个人的身体功能逐渐减弱,而且不再允许他继续过去的独立生活状态时。

精神依赖:它产生于中心神经系统有所变化或恶化时,造成判断力、理解力、记忆力等的缺陷时。

社交依赖:产生于当老人失去了在他生活上具有意义的某些人时。这使得老人对社会的认识水平减低,并限制了社会角色的扮演能力。

对于灾后老年人因丧失亲人而易出现的种种心理问题,作为他们的家属不妨从以下几个方面帮助他们走出阴霾,重建幸福晚年:

1. 增强家庭支持系统。中国人喜欢群居,所以为了老人的健康应该保持家中常常有人陪伴老年人左右。子女后辈要主动给予老人更多的陪伴和关怀,多使用"爸爸""妈妈""爷爷""奶奶"等称呼,让老人意识到在家庭中支持和关照自己的事总会有人在做。经济方面多给予。灾后,一些老年人会因为财产在一夜之间全部丧失而没有安全感,家人要适当给老人经济支持,这样会增强其安全感。值得我们注意的是,尽管许多老人能够通过家人的关怀、个人心理的调整,平稳度过痛失亲人这个"坎",重新开始自己的生活、享受自己的晚年,但仍有一些老人会因抑郁情绪过于强烈、痛苦体验过重或总沉浸于痛苦中,产生明显的无助、无望、厌世感等,若这种状况持续较长时间,无疑要得到心理医生及心理咨询师的帮助。

2. "少年夫妻老来伴",平抑、减弱中老年丧失亲人尤其丧子的悲哀,配偶相互支持的作用是巨大的。在忧伤阶段,家里人要让老人的悲伤情绪得以倾诉和宣泄,并给以劝慰和开导。老人的思念哀情不会因逝者物品、遗物的转移而转移,因此,对于死者的物品、遗物要听取老人的意见,妥善处理。对于是否参加如追悼会、告别等令人伤感的仪式活动要尊重老人的想法与决定。

3. 陪伴的人要注意多给老人以尊重、关爱,多用请教式的口吻与他们聊天,让他们逐渐转移他们的注意力并关心他们的生活起居,如老人睡觉时给他披披被子,经常给老人按摩使其身体放松,多拥抱老人,这些小动作都会增加他们的安全感和自我存在感。

4. 志愿者和社会支持系统要帮助老人建立接受治疗和互助的良好心态。多陪老人参加一些户外活动,陪伴、鼓励他们多参加一些老年活动中心举办的活动。帮助老人重新建立与家人和社会的联系。最好安排老人与熟悉的亲友待在相对熟悉的环境里,这样有利于老人尽快走出心理阴影。

你现在孤独吗?

秋天是收获的季节,一提到秋天,将下面的情绪和您目前的感觉情境联系一下,您感觉与你最为接近的一幅画是:

A.香山红叶片片飞舞。

B.田野里沉甸甸的金黄麦子。

C.自己倚坐在窗台前看夕阳西下。

解释:

A.你目前算不上孤独,因为有很多事情分散了你的心思,正如片片飞舞的红叶,他们是你目前工作和学习的压力也是动力所在。

B.这段时间以来,你根本没有感觉到孤单。或许是你的朋友本来就很多的原因,你喜欢绽放笑脸,做事情尽可能朝好的方向考虑。

C.你最近正在经历孤独,不敢说你孤独的程度有多深,但至少你已经发现不知何时起,自己身边再没有可以沟通的人,其实这可能是你的"一厢情愿"的过分夸大感觉,请不要让一时的孤独成为你的负累。

危机时刻安全逃生

1. 在各种孤独中间,人最怕精神上的孤独。

2. 忍受孤独或许比忍受贫苦需要更大的毅力,贫苦不过是降低人的身价,但是孤寂却会败坏人的性格。

3. 这里有三种可怕的老年征兆:自私、呆滞、固执。但是,幸运的是,我们还有三种防御的方法:同情、前进、宽容。

好人孙钊

2006年3月24日,灵宝市实验高中荆秀忠校长收到阳平镇娄底村村民王向林的感谢信。"这封信,让我们发现了一名勇敢、善良、有社会责任感的好学生。"荆校长说。

这名学生叫孙钊,是该校高二(4)班学生。"在过去的9个多月里,孙钊所做的一切让我们刻骨铭心,不能忘怀。"王向林夫妇动情地向赶去采访的记者说道。

2005年6月24日下午3点左右,王向林12岁的儿子王迪在娄底水库游泳时发生意外。当时,在家过暑假的孙钊听到救人的呼叫声,飞快跑到距家300多米的水库边。此时,水面上已经看不到王迪的踪影,有人指着王迪落水的区域乱喊,却无人下水。孙钊纵身跳进水中,潜入数米深的水下搜寻。几个成年人也先后跳入水中。搜寻了十几分钟,几个成年人精疲力竭,先后爬上一艘小船,水中只剩下孙钊。他又反复潜水20余次，长达30多分钟，终于找到王迪，并将其托出水面。此时，他已耗尽气力，被船上的人拖拽着才爬上岸。由于溺水时间过长，王迪没有被救活。王向林夫妇悲痛欲绝，几次昏死过去。孙钊看人未救活内疚不已。

这以后，孙钊便成了王家的常客。"节假日、星期天，这孩子总到王家来，与向林两口子谈心、聊天，帮他们干活。这娃真好。"王向林的邻居王大伯说。"我是想帮助王叔叔和阿姨尽快摆脱丧子之痛，重新面对生活。"孙钊说出他的动机。对孙钊的善举，其父母不仅理解、支持，而且很是自豪。孙钊的父亲说，"孩子能这么做，说明他是个心地善良的人。支持他，就是让他从小学做一个对社会、对他人有益的人。"孙钊的行动给王向林夫妇带来很大安慰，经过9个多月的调整，现在他们终于走出了失子的阴影，能够面对现实了。

孙钊的事传开后，有的人有些不相信，真有这样好的孩子吗？孙钊父母说，孙钊也是个平常孩子，他从小养成的习惯是，回到家里有活就干，对爷爷奶奶也很孝顺。孙钊的班主任老师说，孙钊对集体的事很热心，他有美术特长，班里的板报都由他设计，打扫卫生他也抢在前边。班里同学说，孙钊是纪律委员，平时，谁借东西他都不吝啬，见谁没顾上吃饭，他会不声不响地带饭回来。所以，对他的所作所为，大家不感到意外。

第十章 守护娇嫩的花儿

每当灾难降临，孩子们那惊恐的眼神、那嘶声力竭的嚎哭、那轻轻颤抖的小手、那茫然无措的神情，都会成为大人们心中最痛的伤口。如何让阳光的笑脸、清脆的笑声、雀跃的身姿、纯真的神情重回他们身上，是大人们最想解答的问题。翻开本章，你就能找到想要的答案！

含泪的双眸

儿童是祖国的花朵,是祖国的未来。当灾难来临时这些祖国的花朵的现在与未来都会遭受重创,可见灾后儿童心理康复与重建是一条漫长的路,不可能在一年半载就恢复,其后衍生出来的问题还很多,如家庭暴力、青少年犯罪、自杀等。

2005 年 6 月 10 日下午,牡丹江沙兰遭遇暴洪,117 人遇难。其中小学生死亡 105 人,受伤 57 人。在医生面前,一个 9 岁男孩反复说:"我的同学去了哪里?什么时候回来?要是当时我拉住他,就没事了。我还有好多话要和他说呢。"在灾难中,他眼睁睁地看着自己旁边一个要好的同学被洪水冲走。之后,他处于强烈的紧张内疚中,一直无法控制地想起自己的伙伴。

在经历了地震等自然灾害后，我们可能第一时间想到的更多的是孩子，最担心的就是在此次灾害事件中我们的孩子受到伤害。在生理、心理上孩童都还处在发育未成熟的阶段，那么受到的伤害会对今后的生活产生深刻的影响。我们都希望帮助孩子尽早从灾害的阴影中走出来。

针对儿童心理创伤的康复与重建需要遵循一个基本的策略，即首先要孩子的父母及长辈足够重视孩子的一言一行的变化。其次，针对灾后所引发的儿童心理反应，专业机构要进行分析、筛选、了解并做相应的评估，紧接着要通过专业人员(受过训练的教师、医师、护理人员、精神科医师、临床心理师、社会工作者等)的协助，为儿童进行危机介入处理，再次要建立灾后心理反应处置机制，包括建立健康行为、疾病行为、创伤后心理反应以及医疗等方面的处置机制，最后要为儿童建立跟踪服务系统以及照顾系统。

孩子在经历灾害后一般会经历三个情绪阶段：

1. 拒绝接受现实，幻想失去的家园或死去的亲人回来。

2. 逐渐接受现实，感到痛苦和绝望。

3. 接受现实，希望生活继续。

针对此种情况作为成人或者家长我们能做到的是：

1. 不论怎样，家长要允许孩子自然地流露内心情感，同时认识到表达恐惧、哀伤、痛苦是非常自然的，是可以被接受的。

2. 当年幼的孩子不能明确地意识到自己的负面感受，不会用准确的语言表达出来时，需要家长帮助孩子表达内心的哀伤和痛苦。

3. 与此同时，家长也不必在孩子面前抑制自己的悲痛，当孩子看到成年人失声痛哭，他们就会受到感染，也会将自己内心的痛苦以大哭的方式发泄出来，这样对保护孩子幼小的心灵是一个很重要的帮助。

4. 不要对孩子说："勇敢点,别哭。""做个男子汉。"这样做的结果反倒会让孩子积压负面情绪,当孩子得不到家人的理解,那么将来走出灾难的阴影就相当艰难了。

5. 对于儿童的疏导。我们一般采取的方法叫做爱心陪同法,儿童在灾难中受到伤害和惊吓,有人陪着他,就是最好的疗法。

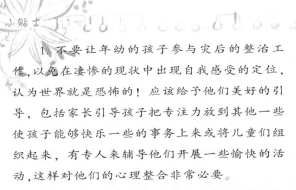

1. 不要让年幼的孩子参与灾后的整治工作,以免在凄惨的现状中出现自我感受的定位,认为世界就是恐怖的!应该给予他们美好的引导,包括家长引导孩子把专注力放到其他一些使孩子能够快乐一些的事务上来或将儿童们组织起来,有专人来辅导他们开展一些愉快的活动,这样对他们的心理整合非常必要。

2. 对于那些有一定问题的儿童,作为家长要特别注意,在必要时请专业的心理咨询师为他们做专业的介入和辅导,这样就不会留下隐患,更能够尽早将心理伤害较深的儿童引导到正确的心理康复的道路上。

1. 我们的孩子是生命的火花,他将放射出照亮几个世纪的火焰。

2. 儿童是人类最珍贵的天然资源。

3. 使儿童从善的最好方法,就是给他们快乐和微笑。

我要找妈妈

　　丁丁三天没有见到妈妈了，他的眼睛里充满了焦虑，原本不怎么喊妈妈的他，对着来到他身边的女性就叫妈妈。在他的眼里，每一个美丽的女性都可能是他的妈妈。而妈妈却没有出现在他的面前。

　　在灾难之后，人们第一次看到他的时候，他站在大街上哇哇大哭，不知道在哭什么，当有人抱起他时，他指着背后的废墟说："妈妈，妈妈。"他在告诉人们，他的妈妈在废墟里。实际上，在地震突发的一刻，是妈妈把他推出了家门，而妈妈却被埋在废墟里了。

　　他不知道为什么妈妈不出来，他也不知道，解放军叔叔和阿姨每天给他吃饭哄他睡觉，为什么妈妈不回来。每天晚上，在安置点里传来的他凄厉的哭声，让不少人也为之流泪。几天后，他的爸爸回来接他，他没有哭，反而说："我要妈妈。"爸爸抱着他泪流满面。他拉着爸爸要回家，"回家，回家，找妈妈。"来到已是废墟的房子前，丁丁的泪水挂在脸上，指着坍塌的房屋，"妈妈，妈妈"地哭着，爸爸抱着他，说不出话来。丁丁哭着哭着就尿了裤子，紧紧抱着爸爸的脖子不肯放手，整个身体都在抖动。

　　晚上，丁丁依然不睡觉，爸爸也不知道如何让孩子睡觉。丁丁瞪着大大的眼睛，望着爸爸。作为父亲，他不知道用什么样办法来安慰孩子，也只能看着孩子惊恐的眼睛

危机时刻安全逃生

196

说："睡吧，孩子，爸爸陪着你。"但孩子抓着爸爸的手，就是不放松。"我要小燕子"，儿子猛不丁的一句话，使他想起了妻子经常会在儿子睡觉前唱《小燕子》的儿歌。于是这位爸爸也就平生第一次为孩子唱起了这首儿歌，"小燕子、穿花衣，年年岁岁在这里……"孩子慢慢睡着了，可眼角仍然有泪珠挂着。

最后，在当地解放军救援队的帮助下，这位爸爸每天伴随在孩子的身边，而那首小燕子的歌曲也成了爸爸陪伴孩子很重要的一个内容，在爸爸的陪伴与关爱下孩子才慢慢从惊恐中走了出来。

儿童心理创伤的种种表现

儿童的心理是脆弱的，需要我们的全身心的关注，由于灾难对孩子的伤害，有时是看不到的。眼睛里的凄惨、身体上的痛楚、心理上的悲伤，往往是看不到的悲剧在影响着他们的未来。美好的儿童才是一个国家的未来，灾后儿童的保护和疏导是一个长期的工作，我们从民族的发展和国家的未来的高度来为儿童身心健康考虑，这样才是真正为儿童的未来工作。

在唐山孤儿院里，有一些地震之后来到这里的孩子，他们在一夜之间失去了父母，有的也因灾致残。这些孩子就像一只只小绵羊那样，怯生生地看着所有的来访者。

后来，一个从孤儿院出来的孤儿，流着泪讲到，当初他们来到孤儿院，所有的人不知道怎么面对黑夜。有一些孩子，不肯说话，呆呆地坐在那里，看着天空一言不发。而有些孩子之间会出现暴力现象,打架倒成了孩子们的一种生活方式。孤儿院的阿姨也是非常艰难,大声地呵斥他们:"你们怎么这么不听话!"然而,无济于事。到后来,她长大成人后才知道,那是孩子们心理上出现了问题。她把胳膊露出来,上面有她自己自残的印记,还有小朋友们给她留下的伤痕。

灾害来了,孩子有什么反应?

灾难会让孩子觉得害怕、困惑,感到不安全。无论是亲身经历灾难,或只是通过电视看到灾害场面、听到成人谈论灾难,孩子都可能产生情绪变化,压力反应一旦出现,作为周边的家长及长辈们要及时提供帮助。

大部分孩子对于灾难的反应较短,但也有些孩子不容易从灾后反应中恢复。如果孩子有以下情况,那么家长及长辈们就要特别注意:

1. 直接暴露在灾难面前,比如被疏散、目击他人受伤或者死亡,受伤并感到自己的生命受到威胁。

2. 失去亲人和朋友或者亲人和朋友受重伤,由于灾难引起的持续压力,比如重新安置、和朋友失去联系,失去自己的物品等等。

3. 灾后家庭内出现严重的冲突。

4. 孩子原本就有其他疾患。

在灾害之后,孩子最害怕的是:以后还会有这样的事情发生,和他们关系密切的人还会在灾难中遇难或者受伤,他们孤单一个人或者和家人要分离。

灾害后孩子可能显得特别烦乱,急切地需要表达感受,这些反应都是相当正常的,通常时间不会持续太久的。以下是孩子们有可

能会出现的反应:

1. 对黑夜、分离或独处出现过度的害怕。

2. 会特别"黏"父母,对陌生人害怕。

3. 担心,焦虑。

4. 年纪小的儿童会出现退化行为(如尿床或咬手指)。

5. 不想上学。

6. 饮食或生活作息习惯改变。

7. 攻击或害羞的行为增加。

8. 做噩梦。

9. 头痛或者有其他身体不适症状的抱怨。

搞清了孩子的反应之后,那么作为家长,怎么帮助自己的孩子呢? 以下有几点切实可行的方法:

1. 保持镇定:孩子们并不能完全理解发生了什么事情,他们要从大人那里了解。告诉孩子"我们因为遭到灾害,家庭受到了很大的损失",同时强调全社会都在共同努力克服难关。向他们保证家人和朋友会照顾他们,生活会很快回到原来的样子。

2. 了解孩子的感受。经历了这样的大灾难,孩子会产生恐惧、惊慌等情绪反应,很多孩子还没有从惊吓中反应过来。要允许孩子们讨论他们的感受或者担忧。耐心地听孩子们诉说。让他们知道他们的反应是正常的,每个经过灾难的人都会有这样的经历。

3. 鼓励孩子们谈谈他们所经历的灾难。孩子们需要一个机会,在安全、包容的环境下,讲出他们的经历。如果孩子不想说,也可以让他们画画或者用其他方式表达。说出自己的经历对孩子很重要,可以帮助他们了解所发生的事情并发泄出隐藏的情绪。

4. 让孩子学着处理灾害带来的种种问题。鼓励孩子们用现实、积极的方法来解决问题,让他们了解在不同的情况下都可以用哪些方法来处理问题。这样可以帮助孩子控制自己的焦虑，更好地面对以后的生活。

5. 和其他小朋友多交流。孩子可以从其他小朋友身上得到支持，减少不安全感，也可以互相学习如何处理问题，渡过难关。尤其当家长不能在身边或者不能提供足够帮助的时候，孩子更需要从老师、同学那里得到支持。同时，帮助他人可以帮助孩子缓解自己的焦虑和恐惧。

6. 照顾好自己。家长在照顾孩子的同时，也要照顾好自己。照顾好自己的身体，多花些时间处理自己的情绪。爸爸妈妈是孩子的第一榜样，在灾害面前孩子的情绪反映了父母在灾害面前的态度，所以父母的乐观态度和坚强决心一定会感染孩子的心灵，让孩子也会坚强起来。所以当遇到灾害后父母们尽快调整好自己的情绪是重中之重。家长自己能够勇敢面对困难，这对孩子是个很大的鼓励。如果你很沮丧或者焦虑，那你的孩子就会觉得和身边的成人分享自己的感受能让你觉得有所依靠，有安全感。

小贴士

爸爸妈妈们结成友谊团，为孩子们组织一些和父母共同参与的游戏活动，这些活动内容要更多地渗透一些和孩子的拥抱、亲吻、抚摸、表达爱的话语的行为。打沙包、捉迷藏、丢手绢都是一些能和孩子一起互动的好活动。

1．谁能以深刻的内容充实每个瞬间,谁就是在无限地延长自己的生命。

2．人生难免经历挫折和悲伤,再痛再苦不要放在心上,风雨过后才会有彩虹和阳光,雨过终究会天晴。

晶晶的改变

2013年4月25日上午,10岁的晶晶早早来到国家地震灾害紧急救援队医疗分队在芦山开设的一处医疗点,翘首等候武警总医院的医生。晶晶是个留守儿童,在地震中右脚被砸伤,是爷爷挤开变形的门框把她救了出来。爷爷告诉记者:"地震后,娃娃突然不会笑了,有时睡觉也会哭醒。"

两天前,医生巡诊时看到晶晶低头坐在废墟前,她给晶晶的伤口换了药,注意到晶晶受到惊吓,认为她出现了灾后心理应激障碍。遭受心理创伤的儿童,95%能通过集体活动等措施恢复,但仍有5%需要接受专业心理咨询师的特别治疗。医生们主要采用涂鸦法和拼贴画法来了解他们的内心世界,然后对其进行心理危机干预。医生发现,晶晶的画里都是非常深重的线条,显示她还处在一种自闭状态。所以医生用了很多时间与晶晶说话,打开与晶晶的对话通道后,第二次、第三次心理治疗顺利开展,晶晶也有了明显的好转。

给他一个温暖的拥抱

　　失去家园及亲人的儿童,内心的恐惧与无助是可想而知的,作为成年的家长或亲人以及救援者在此时能给予怎样的关怀与支持才能让这些孩子早日走出阴霾,迎接灿烂的阳光呢?有时候一个拥抱、一段支持的话语、一个鼓励的眼神、一张慈母般的笑脸也许就能救孩子于水深火热之中。

　　电影《唐山大地震》讲述了一个"23秒、32年"的故事。 1976年,唐山,卡车司机方大强和妻子李元妮、龙凤胎儿女方登、方达过着平凡幸福的生活。7月28日凌晨,唐山发生了大地震。为救孩子,方大强死了,方登和方达没救成却被同一块楼板压在两边,无论人们救哪一个,都要放弃另一个。元妮选择了从小体弱多病的弟弟方达,而头脑清醒的方登听到了母亲做出的抉择,这在她幼小的心灵上留下了深深的烙印。

当灾难突然发生时，身边的成人能立刻对孩子进行保护，或者在灾难发生后能及时对他们进行安抚，都会使孩子获得安全感，有利于日后创伤的恢复。

研究和经验表明，在灾害中失去家园及亲人亡故对孩子的影响程度取决于家长或与其亲近的成年人能否合理应对哀伤。如果爸爸妈妈能从哀伤中走出来，并承担起照顾孩子的责任，那么孩子就能驾驭并承担自己的生活。因此帮助孩子走出阴影的重要前提是帮助你自己。当家长发现自己无法耐心地陪伴哀伤的孩子时，不是你不够格，是你也沉浸在悲痛中太深了。你需要找个值得信赖的、善于倾听的人诉说心中的困扰，宣泄痛苦和忧伤。当你找回自己的力量时，能更好地帮助孩子摆脱哀痛，接纳孩子的恐惧心理。

灾难来临后，家长要比平时更关注孩子的情绪和行为，关心孩子的生活。如果孩子的一点小事做不好就容易急躁、自责，或经常贬低自己，常把"我真笨""我什么也做不好"挂在嘴边，或郁郁寡欢、昏昏欲睡，那么孩子有可能正处于情绪压抑状态，他可能面临拒绝表达或不知如何表达情感的困惑。家长需要给孩子无条件的积极关注，设身处地去体会孩子的感受，采用积极的有反映的倾听方式帮助孩子说出心里的感受。孩子越早从哀伤的情绪中走出来，越能够坚强地走进新的生活。

在哀伤期，孩子可能会对家长特别依赖，总希望有人陪在他的身边，甚至通过装病来要求陪伴。家长不要责备孩子"黏糊"，但也要有原则，告诉孩子大人都需要上班，下班后一定和孩子在一起，专门陪他。家长的积极勇敢的生活姿态会成为孩子的榜样，孩子会因此明白生活还是要继续的。同时孩子也会从家长的举动中感到自己的需要得到了重视，这种自我价值感会增强孩子内心的力量。

根据孩子的年龄、成熟程度和与灾害事件关系的远近,用孩子能够接受的语言告知灾难的事实。为避免唐突,可以作个铺垫,让孩子有个心理缓冲。比如,"你知道,昨天一条高速公路上发生了车祸,一辆车翻了,好多人受伤了。你爸爸不巧也在那辆车上,他的伤太重了,抢救不过来,去世了"。

对于幼小的孩子,则可以用简单的语言告诉孩子事实,5岁以下的孩子还不能理解死亡,他们会以为人是可以起死回生的。为了让孩子理解亲人的死亡意味着什么,可以告诉孩子今后生活可能会有哪些变化。"以后奶奶不能再送你上幼儿园了,也不能在家给你做好吃的了"。

5~8岁的孩子则不能准确理解死亡发生的原因,他们可能把死亡的发生地与死亡直接联系起来。如孩子可能认为医院造成了亲人的死亡,并从此拒绝进医院。所以不要回避谈论死去的亲人,也不要把死者的痕迹从家中抹掉,以期使他忘却这段伤心事。其实对于孩子来说,死去的亲人仍有积极的影响力。家长可以与孩子一起纪念亲人,不必担心痛苦和哀伤会挥之不去。

对于遭受创伤的孩子们来说,除了家长与长辈们的关爱外,强大的社会力量也会给他们带来最有效的心理支持。一个拥抱、一个微笑都能起到治疗的意义。几乎所有关于创伤恢复的研究报告都得出同样的结论:社会支持在创伤受害者的恢复过程中扮演非常重要的角色,尤其对于儿童来说更是重要之举。

让孩子们一起放孔明灯或河灯。这是一种古老的风俗,有祈愿保佑之寓意,是一种能够舒缓孩子内心恐惧焦虑情绪的重要仪式。所以,可以尝试利用这样的形式,来缓解孩子的心理恐惧和帮助孩子表达内心对世界的美好的向往。还可以在孔明灯或河灯上写上逝者的名字和祝福语,这样孩子会非常愿意做的,不仅有乐趣,还有祈望,而且对儿童来讲是一件比较容易做的事情。

1. 只有真正认识自己,才能拯救自己。在很多时候,很多人并不知道自己是个什么样的人,这不仅是人们常常存在的一种误区。而且往往也是人类很难超越的人性的弱点。要解决这个问题其实也很简单,照照镜子,你或许就能找回自信,找回那个真正的自己。

2. 不管一切如何,你仍然要平静和愉快。生活就是这样,我们也就必须这样对待生活,要勇敢、无畏、含着笑容地——不管一切如何。

3. 爱默生曾经说过,当我们真正感到困惑、受伤、甚至痛苦时,我们会从柔弱中产生力量,唤起不可预知无比威力的愤慨之情。人立命于世,首先要自尊自重,遭到歧视,决不低头,在强大的势力面前不卑不亢,这样就会赢得别人的敬重。

母 爱

"亲爱的宝贝,如果你能活着,一定要记得我爱你。"这是一个母亲最后的留言!这是一个妈妈最伟大的爱!这是世界上最撼人的短信!

地震突袭,面对轰然倒塌的房子,一位母亲双腿跪地,双手撑地,虽然身体被压砸得变了形,但她始终没有垮下,把一线生的希望留给了自己身下几个月大的孩子。母亲慢慢地死去,孩子静静地安睡了,这个幼小的生命还不知道外面发生的一切。虽然我们不曾亲临现场,但看到这一切谁又能不为之动容、不为之落泪,伟大的母爱又一次让我们震惊。这段故事的重要意义在于,将来这位孩子长大后,当他听说他和母亲的这段感人肺腑的事情后对孩子的影响是巨大的,最重要的影响就是:对于这位孩子来说:母亲用生命给我换来的生命,我一定要让生命绽放光明,对于这位孩子,他将来面对人生的任何挫折都一定会勇往直前地走下去。

再造一个安全有爱的"家"

　　灾害对儿童的生理、心理的影响都是很大的。灾害过后，我们不仅要为孩子建造一个能看到的家园，还要在孩子的心里重新打造一个"心灵的家园"。

　　达尔文8岁时母亲去世了。他的父亲和几个姐姐不许他谈到妈妈。当他表现出任何哀伤情绪时,家人都皱着眉头。达尔文在晚年时曾说,他根本不记得,母亲去世时的情景。实际上,许多人认为,达尔文终生疾病缠身的根源是精神压抑。他释放痛苦的唯一方式就是不可理喻地自我折磨。原因就在于当年母亲的去世给达尔文带来的痛苦没有在当时得到更好的表达与理解。从心灵的角度来看,当年妈妈的去世使他内心的那个家园几乎坍塌了,而作为他的父亲和姐姐们也不懂得给予他理解和支持,没有在心灵层面给予关怀,他内心的家园一直没有得到修缮,带着残缺的心灵一直走到晚年他也没有得到关怀,他用疾病缠身来呼唤重建心灵的家园,但一次次的呼唤却没人能懂!

在不同类型的灾害当中儿童心理创伤的康复与重建在某种程度上超越了现实层面家园的建立。遭受创伤的儿童在心理层面上往往处于混乱的思维状态以及消极的情绪之中,很难自己掌控情绪。确定了解儿童的需求以及付出足够的关怀协助他们应对巨大变迁和失落,是灾后儿童心灵家园重建的重要责任。因此,尽快让儿童恢复到日常生活状态是最重要的。

首先就是要尝试让他们接受现实的状态,抚平情绪的伤痛并照顾身体的不适,达到灾后心理创伤的康复与重建,在此基础上通过不同的策略和活动达到心理重建的目标。

当噩耗传来时,家长在震惊、悲伤中,本能地希望孩子免受痛苦的煎熬。有些家长对孩子隐瞒家人的死讯,怕孩子脆弱的心灵经受不了打击。其实否认痛苦并不能驱走灾难,真相也不可能永远被掩盖。孩子的敏感能使他们很快从家长言行的微妙变化中得知实情。那样的话,孩子不仅将承受亲人去世的痛苦,还会感到被所信赖的人欺骗的愤怒。失去对家长的信任而产生的不安全感对孩子走出哀伤更为不利。不要对孩子说死去的亲人出远门了,这样孩子会一直期盼他回来,一再失望后会觉得被遗弃了而感到愤怒和伤心。也不要说死去的人是睡着了,有的孩子会因此害怕睡觉。如果你不相信天堂,就不要告诉孩子死去的亲人在天堂里过着快乐的生活。孩子能感觉出你想的以及你表达出的哀伤情感和你描述的天堂的美好不一致,会感到更困惑。

给孩子留有反应的时间,孩子可能会茫然不知所措,不要逼迫孩子。在告诉他真相后还要努力证实孩子确实明白某位亲人去世的事实,并澄清孩子的误解。让孩子明白,疾病和事故是无法预料的,死亡也是不可避免的,是普遍存在的。这样可以帮助孩子缓解内心的紧张、负疚感。鼓励孩子说话,耐心回答孩子的一切问题。

告诉孩子亲人去世后可能发生的生活变化,同时向孩子表明尽管失去了一位亲人,其他的人都爱他,会保护他,陪伴他,他是安全的,不是孤单的一个人。

让孩子参加葬礼,以显示孩子在去世的亲人心中的位置是很重要的。在葬礼上应有亲近的长辈陪伴在孩子身边,告诉孩子灵堂的陈设、哀乐以及悼念仪式所具有的含义,让孩子理解这种氛围是人们表达哀伤和怀念亲人的方式,避免孩子对这些场景的恐惧。过后,孩子有可能通过游戏重演葬礼,他们会把玩具娃娃放在盒子里或盖上布,说:"你死了,就待在这里吧。"不要责备孩子对死者不敬或担心孩子受到了刺激。其实这是孩子在用他们自己的方式整合对死亡和葬礼的理解,他们也可能在用这种方式表达哀伤。从某种程度来讲,他们是在用自己的方式重新修缮自己的心灵家园。

让孩子理解一个事实:因灾难死去的亲人是无法再回到他的生活中了。生活中有很多不可预测、不可避免且我们无能为力的事。当孩子能够接受这种无能为力,并能看到虽然生活发生了变化但仍在继续时,他就开始具备了摆脱哀伤、坚强面对生活的内心力量。

灾难来临或者亲人去世后,经过最初几天的忙乱,家长应尽早恢复原来的作息时间,也让孩子回到学校参加正常的学习生活。让孩子回到熟悉的生活规律中,有助于缓解孩子的压力,孩子的老师、朋友的关心和安慰对孩子来说也是十分有益的。孩子可能不知如何应对别人关切的询问,家长可以教会孩子如何以他感到舒服的方式解释灾难及亲人去世的事情，以及如何拒绝回答一些他不想多说的问题。

　　研究证明，人一旦承受巨大的心理压力，身体就会大量消耗维生素C，少年儿童的承压能力不强，面对灾难会更加紧张。所以家长应为孩子适当增加富含维生素C的水果、蔬菜的摄入量。另外，如果食物中缺碘也会造成心理紧张，孩子可以补充一些含碘的食品，如海带、紫菜、海虾、海鱼等海产品。

　　此外，常吃白菜能减少紧张情绪；每天适量吃些洋葱，能稀释血液，改善大脑供氧状况，从而消除过度紧张和心理疲劳；牛奶可以发挥类似鸦片的麻醉、镇痛作用，让人感到全身舒适；小米、葵花籽能起到镇静安神的作用；核桃是对付神经衰弱的理想食品。

　　1. 做任何事，只要你迈出了第一步，然后再一步步地走下去，你就会逐渐靠近你的目的地。如果你知道你的具体的目的地，而且向它迈出了第一步，你便走上了成功之路！

　　2. 面对困难，许多人望而却步；而成功的人士往往非常清楚，只要敢于和困难拼搏一番，就会发现，困难不过如此！

3. 生活中难免要遇到各种各样的沟沟坎坎。每次面临进退的选择,当你感到有恐惧和疑虑时,就如同面临一条拦路的小河沟,其实你抬腿就可以跳过去,就那么简单。在许多困难面前,人需要的只是那一抬腿的勇气。

孩子,别怕

自从那个惊恐之夜后,8岁的胡欣就再也没敢松开过父母的手。

那天,她从睡梦中被父母拉起来,懵头懵脑就开始跑。爸爸说:"快跑,毒气!毒气比我们跑得快!"她听见后面有很多人在哭天抢地、声嘶力竭地喊:"毒气已经追上来了!"恐惧中,她双脚根本就抬不起来,爸爸妈妈架着她,夺命狂奔。

2003年12月23日晚,重庆开县突发特大井喷事故。那场灾难夺去了243人的生命,胡欣和她的父母是最幸运的,居然一家三口都还活着。很多人的家人都死了,胡欣的很多同学也不见了。

天亮后,他们已经跑到安全的地方,但胡欣的手还是死死抓住父母。后来毒气没有了,他们可以回家了,胡欣仍然不肯松手。只要有人说"气"字,她就全身发抖。她不敢一个人在家,不敢去上学。

一个星期后,孩子无法挣脱的恐惧感终于让父母开始担心起来。他们带着孩子从开县来到儿童医院的心理科。

在诊室里，胡欣不敢下地，像婴儿一样蜷在妈妈怀里。医生很和蔼，她仔细看着母亲怀里的孩子。孩子的眼睛告诉她，她在担心随时又会有毒气从天而降。这个长期在孩子们的黑暗心理中游走的医生知道：胡欣已经出现应激障碍，她不信任别人，觉得自己的生存环境不安全，这是大灾大难之后，孩子们普遍表现出来的心理危机。

现在医生必须让胡欣面对现实，她不顾及胡欣听见毒气发抖，她要对胡欣实施心理治疗。她给孩子分析事故的原因，告诉胡欣，这只是一个意外，发生率很低。

另外，她还教给孩子重新生活的办法：和小朋友一起玩，但不要走得太远，遇到危险及时告诉父母，不用害怕。最后，还给小胡欣吃了一些抗焦虑的药。

回家后，父母专门在家陪了孩子一个月。之后，胡欣勉强能和爷爷奶奶在一起，父母可以出去做事了。一个月后，胡欣可以一个人在家待一阵并开始主动和小朋友一起玩耍。恐惧和忧虑一天天在减少、化解，孩子终于走出阴影。

这个故事典型之处就在于父母在这个问题上的认识比较全面，让孩子及时走进了心理治疗的环境里，在治疗师帮助下以及在父母的积极配合和呵护下小胡欣慢慢地走出了困扰她的心理阴影，关键是爸爸妈妈在一个月当中的细心陪护为小胡欣撑起了一片健康的心灵家园。

第十一章　坚强背后的恐惧

每当灾难降临，军人就是灾区人民的主心骨，志愿者就是受灾群众的亲兄弟，医生就是灾区病人的守护神，他们的身影永远坚定不屈！但他们也是血肉之躯，他们也有恐惧，他们也会脆弱，他们也需要关怀！

解放军来了

当解放军接到紧急动员后,奔赴灾区的官兵的心理已处于高度应激状态。目击耳闻的惨重伤亡、救援工作的艰苦卓绝,进展缓慢、时间无情流失之间的生命渐趋凋落,这所有的一切都让救援人员原本已是紧绷的神经雪上加霜。所以,军人的心理状况是值得我们关注的。

1998 年,东北发生百年一遇的洪灾。武警某部紧急派员赶赴灾区救灾。一到灾区看到几乎淹没一切的大水,好多战士都懵了。连队北方战士多,不少战士是"旱鸭子",看到这样大的水,不少人都会不由自主地腿抖。在乘坐冲锋舟搜救时,好多战士紧张得后脊梁冒汗。每当执行任务回来,大家都会长长出口大气,"回来了,上岸了",有的战士,晚上睡觉会大喊大叫,"我掉水里了,快救我"!

据调查,当前基层官兵年龄普遍偏小,其中战士平均年龄约在20岁,人生观、价值观尚未完全定型。加之战士多是在高中或大专毕业后入伍,社会阅历浅,心理承受能力和心理素质普遍较弱。此外,由于在重特大抢险救援任务中,困难大,救援持续时间长,在这种情况下官兵往往长时间超负荷工作,精神高度紧张,吃饭、洗澡、睡觉、保暖基本生理需求得不到满足。根据马斯洛心理需求层次理论,在人的最基本需求都满足不了的情况下,心理问题极易产生。

焦虑是救援官兵的主要心理表现,此时为灾区服务的思想、报效祖国的强烈愿望会成为一种无形的压力,同时男性群体心理表现中的不服输、不落后、不放弃也会成为压力源。他们会因为这种种压力得不到合适的纾解而产生焦虑情绪。

在执行任务的过程中,高度的紧张和艰辛的付出,也会在他们的心中产生疲惫感,如果这种疲惫感得不到很好的缓解,还会使他们在未来的工作中滋生畏难和懈怠的情绪。

我们都知道,自然灾害都是有波次的,会产生次生灾害。其实人的心理也是会产生次生伤害的,如果救援官兵长期处于焦虑和悲伤的状态下,其智慧的输出和行为的施展往往会逐渐变弱。如果因此而乱了分寸,就会产生次生心理伤害。而当参与救援的军人身边出现意外牺牲,那么就会对所有参加救助的军人造成更严重的次生心理伤害。

在救援的同时,作为参加救援的官兵面对自己所产生的种种心理问题该如何进行自我缓解呢?其实有两个简便的方法可以借鉴。一是可以写日记,这与我们建议普通灾民勇敢说出自己的感受的方法是一致的。作为一个有血有肉的人而言,这种倾诉式的解压方法同样适用于军人。二是进行双向式暗示祈祷:为灾区的百姓祝福,祝福他们会一切都好;也为自己的工作祈祷,并在祈祷的过程中坚定战胜自然灾害的信心。这时也可以在心里与自己的亲人说说话，这样，心情多少会安定一点，工作也自然会更安全一点。

参加救灾的战士，每天睡觉前，可以做"腹式呼吸"。这种方法简单易学，坐、立、卧皆可，在进行腹式呼吸时需松开腰带，放松肢体，思想集中，排除杂念。由鼻慢慢吸气，鼓起肚皮，每口气坚持10~15秒钟，再徐徐呼出，每分钟呼吸4次。通过这样的训练，可以起到很好的放松作用。

如果在灾区工作超过七天，就应该进行一天的休整。其实，随着我国抢险救灾工作体系的不断完善，部队通常会给参与救援的官兵以这样的休整期。然而令人遗憾的是，由于灾害现场的惨状，往往使官兵们主观上拒绝休整。这对于他们的身心恢复极其不利。俗话说，磨刀不误砍柴工，不管你认为这样的话对一个与死神争夺时间的救援者是否有"站着说话不腰疼"之嫌，我们都要提醒官兵们，你们充沛的精力和冷静的头脑才是灾区人民的生命保障。

军人也有脆弱的时候，也有需要抚慰的时候，有时候，来自同伴的拥抱也可以为他们注入生气，这时候不妨多给身边的战友一些拥抱，多握握他们颤抖的手。这样的肢体动作会帮助你们更好地投入救援之中。平和的心态也会更有利于回归工作岗位。

小贴士

如果身边的战友牺牲了，你该怎么办？

一是，为自己的战友清洗干净，让他戎装"上路"。

二是，整理他的遗物，进行登记和归类，以便交给他的亲人。

1. 军人的速度是生命的机会，军人的冲锋是灾区的标灯，军人的汗水是百姓的泪水。

2. 当自然灾害来临的时刻，总有一支队伍临危不惧，第一时间走进你的生活中。

放下心中的石头

汶川震后救援工作进行中，一队心理专家曾走进广东公安边防总队某支队的官兵驻扎的地方为他们进行心理疏导。115名官兵在地震发生后，第一时间赶到了汉旺镇，完成任务后又马上前往汶川救灾。这是一支胡主席和温总理慰问过的队伍，他们是最早到达灾区救援的，他们不吃不喝、不休不眠地从东汽中学的废墟中救出了40多个年轻的生命。

当心理专家让战士们讲讲救援感受时，他们全都低下了头，一言不发。长久的沉默最后被战士小骆打破"那天，我们到汉旺镇的时候已经是深夜。车经过绵竹的时候，房子塌得不多，越往前走，房子坍塌得越厉害，我们的心跟着往下沉。到了东汽中学，看到面前完全坍塌的四层教学楼，我们被彻底震惊了"。

他们能听到孩子们在下面的喊声，但是石头太大，战士们没有工具，根本搬不动，而孩子们的父母正在废墟旁边焦急地哭泣等待。"他们的眼睛一直看着我们，我不敢回头看。我想到自己的父母，觉得自己很没用"。小骆的话勾起了另外一位战士的恐惧："现在我总觉得有眼睛在背后看着我。"

在救出的孩子中，最让小骆难忘的是一名叫杨柳的女孩。由于双腿被巨大的水泥柱压住，她不得不被当场锯掉双腿，杨柳也因此受到社会的广泛关注。而把她从死神手中夺回来的，就是广东公安边防总队某支队的战士们。

当时杨柳被困在二楼和三楼之间的楼梯里，一根水泥柱子正好压住她的双腿。战士们一点办法都没有，因为一移开这根支撑柱，杨柳就会被埋起来。杨柳在废墟下坚持了三天三夜，医护人员不得已只能用现场截肢的方法把孩子救出来。"我们眼睁睁看着她失去双腿！当时的场景太惨了，现在我只要一闭上眼睛，就看到血淋淋的杨柳。"

小骆还提到一个女孩，她的遗体被挖出来的时候，手边有个作业本，上面只写着"我要活下去"五个字，当时所有的战士都哭了。小骆说到这里，帐篷里的战士们抱在了一起，流下了眼泪。

针对这些问题，心理专家给出了建议"做噩梦、失眠、场景闪回都是正常的，大家不要怕。这些都是因为你们无法接受残酷的场面而产生的正常现象。这时，你们不要压抑自己的情感，一定要想哭就哭，把内心的情感宣泄出来，如果憋在心里，会产生一些不良的身体反应。比如胸闷、喉咙疼"。

最后，医生让所有的战士手拉着手，大声喊："我们永远在一起！"随着战士们喊出的响亮誓言，他们心中的郁闷喷发出来，大家都擦干眼泪，畅快地相视而笑。

焦虑的心亢奋的行

每当灾害出现时，国家都会派出专业的救援人员。当救援人员来到灾区现场一定会被现场的景象所震惊，此时，调整好自己的心情，才是开始救援工作的第一步。

位于蓥华镇的莺峰化工厂几幢办公楼房在地震中全部倒塌，参与救援的徐波为了救出一位被楼板压住双腿的工人而爬进废墟中，当时，这名被救者的左脚被水泥和楼板压得粉碎，左腿已经坏死，短时间内根本无法救出。为保住被救者的生命，随队医生当即进行会诊，在征求本人及其家属的意见后，决定对其就地实施截肢。当晚小徐一声不吭，既不吃饭，也不与别人讲话。原来是他还在因为下午没能将被救者完整地救出而深感内疚。

在长期的巨大的压力下进行救灾工作，救援人员的各种感官会受到很多灾难信息的冲击，比如视觉、嗅觉等等一些感官冲击，很容易出现一些问题。救援人员持续地暴露于灾难现场的刺激下且救灾工作通常都是紧迫地、持续地进行的，高强度的工作、严重的紧张感很容易使救援人员出现失眠的症状，他们往往躺下一闭眼睛，脑海里就全是受灾的画面，这会令他们感到非常不安，甚至出现情绪不稳定的情况，容易愤怒、暴躁，有的是指向外界，有的指向自身。一些人会出现一些人际关系的困扰，有的人可能会出现情绪低落，每天闷闷不乐，甚至影响到食欲等特定的反应。这种反应是人在意外或者异常的灾难情景下出现的一种相对正常的反应，这种反应一般来说是相对短暂的，但是也有例外。

为了更好地帮助灾区的受害者，作为救援人员的你，应该先调整自己。那么要怎么做呢？

首先要有足够的生理应对，应努力争取相对充足的休息，避免长期和受害者或幸存者在一起，每天必须有救援者单独在一起的时间。还应保证基本饮食。食物和营养是我们战胜疾病创伤，更加有力量地去救援的保证。条件许可的话，可以通过读书、听音乐等来转移高度集中的注意力。

其次，不要压抑自己的感情，适时发泄，学习一些自我放松的心理学方法。同时，主动获取来自组织和外界的支持非常重要，救援者首先要认同自己出现心理危机时的情感变化，应视此种心理反应为正常现象，及时地获取社会情感支持。社会支持一般由家人、亲属、战友、同事、同学、朋友构成，也包括地震灾区的灾民，从他们那里除了可以得到亲情、物质和信息上的支持之外，也可以从他们身上获得安慰、同情、支持、鼓励、开导、认同和理解。

最后，救援者与死难者、伤员及他们的家属都有密切接触，属高危人群,应被列为心理干预工作的重点。自我调节不见明显成效或不得要领时,就应积极从速地寻求心理干预,由专业人士进行评估和处理,如不进行心理干预,其中的部分人员可能产生长期、严重的心理障碍。

　　救援专业人员的日常养成非常重要。救援人员在全面了解灾情及救灾过程的基础上,调整自我认知,客观地认识灾害及其风险,科学、辩证地看待救灾的力量和成果,消除错误认识,进行自我抚慰,不断地提高自我支持的能力,既不要对自己有过高的信任,也要增强对群体救援队伍的信任,通过合理的信任可赶走恐慌和无助感,换回安全感。

　　人体倒立时,地心引力不变,但人体各关节、各器官所承受的压力发生了改变,肌肉的紧张度也发生了变化。特别是关节间压力的减弱,以及某些部位肌肉的松弛,对于防治腰背痛、坐骨神经痛和关节炎都有一定的效果。而且,通过肌肉骨骼系统之间的反射作用,可以改善神经系统和内分泌系统调节机能,消除胸腔和腹腔器官充血,改善大脑血液循环,镇静神经,从而使视觉、听觉、记忆、睡眠得到改善。 灾区条件艰苦,一般很难为救援人员提供良好的休闲设施,但这并不要紧,当你感到疲惫和压力过大时不如做做倒立,帮助自己放松一下吧。

1．心灵的感动是那些含着眼泪向你鞠躬的人，而他们才是你大爱的动力。

2．在一切与困难的交涉中，不可希冀一边种下一边收获，而应当对所有事妥为准备，好让它逐渐成熟。

有这样一位默默奉献的女性

2008 年 5 月 12 日汶川地震后，我以志愿者的身份赶赴了灾区。在灾区我遇到了这样一位特殊的女性，我的心里始终非常敬仰她，那是在去灾区的第三天。我们在为棚户区的灾民做一些心理危机干预时见到了这一幕。

在帐篷中有一个女性怀里抱着婴儿，眼神忧郁呆滞，旁边有一个八九岁的女孩，在用凉水泡方便面，灾区的条件就是这样的，有凉水也很不错了。在与这位年轻的母亲交谈时我得知她怀里的婴儿刚刚满月。一个坐月子的母亲，一个用凉水泡面送到母亲嘴边而自己却一口不吃的小女孩，让我在心里猜测她的丈夫可能是去世了，不然一个坐月子的女性不会没有一个成人来照顾。我也是女性，我也坐过月子，我们传统的坐月子是需要精心照顾的，可是她呢？婴儿的小脸蛋上满是蚊虫叮咬的包，我一直在心里打鼓，是否该提起她的丈夫，谈了一会儿我感觉她的情绪有所缓和，我还是婉转地问了一句："坐月子的女人是需要成人的照顾的，你身边除了孩子，还有谁照顾你吗？"这时她说："没有，就孩子。"我在想"完了，是否问了不该问的问题，加重了对方的悲伤情绪"，可就在这时她又说："我丈夫去参加震后道路抢修队，他想尽快把路修好，这样救灾物资就能顺利运到我们这里了。"

听了这话我提到嗓子眼的心放到肚里了，可我在想"难道是这样突击抢修道路给的报酬很高吗？不然怎么会扔下刚满月的妻子孩子就走了呢？"我只是猜测，可我问不出口，这时她说："我知道你们来自内蒙古大草原，千里迢迢风尘仆仆赶到我们这里来不容易，你们来后我听到最多的是，志愿者这个词（我们当时胳膊上佩戴着志愿者袖标，胸前戴着志愿者徽章）而且听说志愿者都是自愿行为，没有报酬的，我爱人也和你们一样，义务、自愿为我们的家乡出把力。我们没有知识，没有文化，可我们还幸运地活着，我们有一把力气，还能挥动铁锹出把蛮力，所以他毫不犹豫地抢险修路去了，我没事，我能挺住，孩子也没事……"

听了这番话我顿时感受到了自己的渺小，从内蒙古一路走来谈不上轰轰烈烈，可很多人都在关注着我们的善行，给予着我们力量与关爱，可是谁知道她们的行为？谁体会她们的艰辛？谁又能够感受她们平凡的伟大，关怀这些不张扬，不以为然，不觉得自己做的是什么志愿行为的志愿者？我的心被震撼了，我深深地敬畏这位在地震灾难中本身已是受灾者的母亲，她的大爱，她的镇定，她的行为，她的信念，她的力量。

灾难救助中的情感迁移以及心理的相互影响

> 从进入灾区工作到结束灾区工作的这段时光里，救援人员的心路变化无疑是我们最关心的内容之一。我们需要更多的是理性和科学的方法来完成痛心疾首的工作，并使各类救援人员能够得到一个相对平和的工作空间，以达到一个平和的应急预案的完整实施。那么这段从开始到结束的过程里大约要经历怎样的跌宕起伏呢？

"我几乎每天晚上被噩梦惊醒，我梦见那些死去的老老少少全部朝我走过来……"一名连续 10 天在灾区一线的救援者说。回来后的短短几天中，他的内心一直遭受着折磨，情绪焦躁，一连几天睡不着觉，身心很疲惫。家人和同事试着与他交流，想帮助他把内心的情绪发泄出来,可他却始终不愿说话,变得沉默寡言。类似的症状出现在另外一名从灾区一线回来的救援者身上。她说,地震灾区那些惨不忍睹的画面在她的脑海里反复上演,挥之不去,满目疮痍的城镇和受灾者声嘶力竭的求救声总是会出现在她的梦里,让她胸口发紧,痛苦不堪,从而出现抑郁、情绪低落、少语等负面情绪。

要知道灾难发生后的一周一般属于心理应激期。而从灾后一周到三个月的这段时期,人们开始对灾难进行思考,容易产生各种负面的情绪,作为救援者的你如果出现恐惧感、负罪感、绝望与自杀等情况,就要提高警惕了。如果发现身边这些曾经参加过救援的人近期突然性情大变,情绪异常,或是出现抑郁、焦虑等症状,亲友们应给予他们更多的关心,如果症状没有任何缓解一定要去专业的心理机构进行治疗。

面对这样重大的灾害,作为救援者在救援的日日夜夜里的辛苦是可想而知的,那么身体的的疲劳感会越来越加剧,体能也在慢慢下降,由于身心极度疲劳,休息与睡眠的不足,易产生生理上的不适感,例如晕眩、呼吸困难、胃痛、紧张、无法放松等,心理的强烈反应,主要表现是:

1. 与他人交流不畅。

2. 情感迟钝。

3. 失去公平、善恶的信念,愤世嫉俗。

4. 对经历的一切感到麻木与困惑。

5. 因心力交瘁、筋疲力尽而觉得生气,例如对周围人甚至政府、媒体感到愤怒。

6. 感到不够安全。

7. 睡眠出现问题,经常做噩梦。

8. 集中注意困难和决策困难。

9. 缺乏自制力,愤怒,缺乏耐心,与他人关系紧张。

10. 失去信任感。

这些心理反应的出现随之也就产生了的职业困扰:总的来说叫做耗竭感。

11. 怀疑自己的职业选择。

12. 绝望。

13. 感到软弱、内疚和羞耻,感到自己的问题与受灾者相比微不足道。

14. 觉得自己本可以做得更好、做得更多而产生罪恶感,怀疑自己是否已经尽力。

15. 对于自己也需要接受帮助觉得尴尬、难堪。

16. 过分地为受害者悲伤、忧郁。

以上这些是救援者常常会出现的由于对生还者及其创伤的同情和共情,而使自己出现严重的身心困扰,甚至心理崩溃。如果出现上述问题请你务必注意及时进行自我调适,并在必要时寻求专业的心理咨询人士的帮助。

依时间顺序,救援者通常有四个阶段的心理变化期。

1. 冲击期或休克期

指投入救援工作后的数小时内,主要表现为焦虑、惊恐和不能合理思考,少数人出现意识不清。

2. 危机期或防御退缩期

由于没有能力解决面对的困境,表现为退缩或否认危机存在,将之合理化或不适当投射。

3. 解决期或适应期

此时能够正视现实、接受现实、用积极的办法成功地解决问题、焦虑减轻、自我评价上升,社会功能恢复。

4. 危机后期

常在救援工作结束之后的一段时间。多数人在心理和行为上变得较为成熟,获得一定的积极应付技巧,但少数人出现人格改变,或表现出敌意、抑郁或滥用酒精、药物,也有可能出现神经症、精神病和慢性躯体不适。

如何去调整和把握自己的心理状态或积极地去应对,我们给救援者的十项建议:在灾难之后的数个小时、数天和数周,下列的建议对救援者会有帮忙。

1. 如果有的话,参加分享团体。若没有,试着安排一个。

2. 如果你或其他人,觉得需要用批判的角度来衡量救难行动的进行状况,要求一个评论。则要注意事情如何进行、下次可以改进什么,直到对救难的活动有"结束"的感觉。

3. 当感觉浮现时,就讲出来,彼此倾听对方的感觉。尝试言语之外,其它形式的表达,例如艺术、写作、音乐。

4. 倾听时,让争执的故事尽量减少。听到其他人经历的某些糟糕的事,对自己和对方并无太多帮助。

5. 不要有太针对个人的愤怒。愤怒是灾难之后一种常见的感觉,有时候会不经意地发泄在同事身上。

6. 肯定是很重要的。一项工作做得好,要给同事鼓励和正向的回馈。

7. 在灾难之后的数天或数周,要吃得好、尽量睡眠充足。避免过量使用酒和咖啡因。

8. 做放松练习和压力处理。休闲和运动是有帮助的。

9. 尝试重新建立你正常生活的规律。

10. 当救难行动结束后,注意你可能会经历一些"降温"的过程。

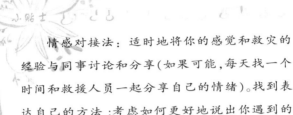

情感对接法:适时地将你的感觉和救灾的经验与同事讨论和分享(如果可能,每天找一个时间和救援人员一起分享自己的情绪)。找到表达自己的方法:考虑如何更好地说出你遇到的情况及工作中遇到的困难,允许自己有一些负面的情绪,并表达和疏泄出来,这些都是成功走向更好的救援的前提。

1. 心灵的伟大不是战场上的拥抱生死,而是在生死之前的温柔情怀,中国的救援者做到了。

2. 离别之后的牵挂,这是中国的志愿者抗震救灾之后的耿耿于怀和爱的相守。

3. 在平安宽舒的时候不要忘记了灾难。

全国抗震救灾模范、大学生蒙祖海

他是农民的儿子,来自贵州省都匀市阳和水族自治乡翁高村;他是水族人,在民歌中,他们常用"像凤凰羽毛一样美丽"形容自己的家乡;他是成都信息工程学院的大四学生。他,叫蒙祖海。在 2008 年 10 月 8 日举行的全国抗震救灾总结表彰大会上,他被授予"全国抗震救灾模范"称号,也是唯一获此荣誉的大学生志愿者。

2008 年 5 月 17 日,地震过后第 5 天。蒙祖海和其他 27 名同学来到成都火车东站。这里是抗震救灾物资的重要中转站,来自全国各地的救灾物资从这里发送到灾区。他们的工作是搬运救灾物资。从进站的火车上将物资卸下来,再装到开往灾区的卡车上……从 5 月 17 日到 5 月 22 日,他们一干就是五天五夜。

在火车东站的五天里,蒙祖海他们休息时间总共不到 15 个小时。从东站回校后,蒙祖海又组织学生党员成立"抗震救灾"突击队,参加成都双流机场、成都空港航运站等地的抗震救灾物资搬运工作。"在那个时候,只要一想到灾区群众那一双双渴望的眼睛,一想到这些东西都是救命的,我就似乎有了无穷的力量。"蒙祖海说。

在江油灾区,蒙祖海看见一位右半身瘫痪的老人,左手颤巍巍地拿着刚打好的装有稀饭和榨菜的纸盒,一不小心,全洒在了棕垫上。蒙祖海飞快地跑过去,扶起老人,帮他重新打好饭,一勺一勺地喂给老人吃。老人用长满老茧的手紧紧握住他,感激地说:"谢谢你!"

董仁良今年 12 岁,原来就读于北川县陈家坝中心小学。地震发生后,小董成了一名孤儿。蒙祖海说:"刚见到小董的时候,他只是瞪着一双大大的眼睛,什么话也不说。我每天都去看他,教他画画、学算术。渐渐地,他开始愿意和

232

我说话了,他的画上有了轻松的童趣画面,他的生活开始重新充满希望。"

"作为一名抗震救灾大学生,这段经历将会让我铭记一生。"蒙祖海总是这样说。

心若在梦就在

到灾区参加救援工作无上光荣。参与志愿工作，即是在帮助他人、服务社会。志愿服务个人化、人性化的特征，可以有效地拉近人与人之间的心灵距离，减少疏远感。但志愿者是人，不是神，他们也会在志愿服务的过程中出现问题。

任静老师又焦虑了，嘴上起泡，眼睛红肿，还有点低烧。但她没有休息，她要赶往玉树结古镇的藏医孤儿学校。"直到15日下午才打通校长手机，他说学校情况还好，200多孩子只有一个孩子受伤，现在都在大操场上住宿，安全有保障"。

她曾在玉树支教，并与孤儿学校的孩子们结下了深厚的友谊。这也成为她牵挂的内容。她对出租司机讲，"因为放不下，我眼里老会闪出孩子的脸庞。地震后，我老是做梦，好像听到了孩子们的哭声。还有学校坍塌的惨状。一晚晚地睡不着觉，心里慌得不行。"

234

她说:"我们可不想给当地添麻烦,现在救援是最重要的事情,而且政府力量、部队力量是最强大而有效的,我们志愿者就是要尽力做好自己能够做、能做好的,有序地参加到救援之中去。""我们紧急募集了一笔款,准备在西宁给孩子们买一些食品和水,和其他机构的朋友找车给运进去。"

任静将了将头发,发现自己的头发掉了很多,她无奈地笑了笑说:"为孩子们的安康,我值吗?"出租司机大声地说:"值呀,孩子会感谢你们的,今天的车钱不收了,就当我也是志愿者吧。"

志愿者的出现是一支生力军,但他们的心理和情绪是有很多变化的,那么,志愿者在整个救援当中会有哪些自我的负面情绪呢?

1. 恐惧心理:是灾后现场救援时最易诱发的一种情绪,是企图摆脱或逃避某种情景而又苦于无能为力的情感体验,以年轻的、没有经验的救援者尤甚。此时,他们的交感神经兴奋,肾上腺素分泌增加,机体机能充分动员,但没有信心和能力战胜突发事件中的危险。经过正确的心理疏导恐惧心理会逐渐淡化。

2. 悲伤心理:这是在灾难现场救援中最常见的情绪,为灾民以及自己同伴的死伤感到很难过、很悲痛,大多数人会以大声嚎哭来纾解,也有人会以麻木、冷漠无表情来表达。

3. 焦虑心理:这种心理常发生在救援中在危险或不利情况来临之前,指向未来的、对救援过程或效果产生紧张的内心体验,紧张不安、出现回避、烦躁等,呈高度警觉状态。这种心理可呈现为情感的泛化,也可能呈现警觉状态较为持续而不能迅速回归正常。

4. 抑郁心理:出现悲哀、寂寞、丧失感和厌世感等消极情绪,伴有失眠、食欲减退等,如果救援者具有抑郁性人格,则救援活动会增加发生抑郁情绪的危险,从而出现持久的情绪低落、忧郁、失去愉快感,不愿与外界接触或不愿与战友打交道,世界一片灰暗,并伴有失眠、注意力不集中等躯体症状。

5. 无助心理:救援者亲临现场,见到过多的惨景,有些人会觉得人们是多么脆弱,不堪一击,不知道将来该怎么办,感觉前途茫茫,人生无望,觉得如此不公平,或者救灾的速度怎么那么慢,也有的会认为别人根本不知道自己的需要和能力,不理解自己的痛苦、抱负和需求等。

6. 内疚心理:有的救援者觉得自己没有足够的力量,恨自己没有能力救出家人、老乡、孤寡、妇幼和战友,希望死的人是自己而不是他们,因为比别人幸运而感觉罪恶,感到自己做错了什么,或者没有做能够避免灾民的死亡的事情等等。

对于以上这些心理表现志愿者要有提前预想和准备的。所以,要在这里强调的是:当全社会把注意力集中在如何救治、安置受灾群众时,对参加救灾人员和志愿者的心理干预也刻不容缓,尤其是当救援结束后的一段时间后,志愿者的很多心理问题才慢慢显露出来。

按照灾难心理急救分类标准,这些志愿者是第三级潜在受害者,仅次于灾难直接卷入者及其亲属。要告知所有志愿者在结束救援后的一段时间内出现包括心理、生理在内的各种变化反映都是正常的,要积极面对。不要回避或者否认以下这些情况:

1. 避免情绪封闭、退缩,或疏离他人,或标新立异。

2. 不要试图逃避曾经经历过的救援活动、救援地点及相关人士。

3. 灾后的一段时间内,暂缓对生活和工作中有压力感的事情做出重要决策,比如换工作(转业)、改变婚姻状况(离婚)和巨额消费(购房买车)等。

如何去调整,如何去疏导,如何去保证志愿者工作的顺利进行？首先要学会进行心理"自救"。面对灾难，我们除了保障身体上的健康，更要学会进行心理自救。要坦然面对、自由纾解。我们建议已经出现心理危机的救援者，在救援工作结束的一段时间里一定要大胆地宣泄出自己难过的心理与生理反应；承认自己的心理感受，不必刻意强迫自己抵制或否认在面对灾害和突发事件时产生的害怕；不要过度自责，每个人都能以各种形式为灾区尽自己一点力量，但不应为灾难背上情绪的包袱。要面对事实，勇敢地把这种罪恶感说给身边的人；产生愤怒感时也可以将这种愤怒向周边的人以言语的形式宣泄出来。

小贴士

志愿者灾区要做到三件事即找组织：志愿者无论是有组织的还是个人到了灾区后都要做两件事，一是找到负责管理志愿者的救灾指挥部进行登记。二是接受工作的指派。严格按照救灾的规程去工作。找驻地：这也是非常重要的，要选择地势高、有水源、利于逃生的现有屋舍或是搭建临时帐篷，保证饮水和食物的安全。制订应急预案：一定要进行更实用、简单的应急预案，让大家都知晓。

名言励志

1. 有一种生活，你没有经历就不会知道其中的艰辛；有一种艰辛，你没有体会过就不知道其中的快乐；有一种快乐，你没有拥有就不知道其中的纯粹。

2. 人生活在一个有氧的环境里,燃烧是一种氧化,生锈也是一种氧化,但我选择了燃烧。

王志航的故事

王志航今年已经52岁了，而且经历了两次癌症,对地震伤残孩子的感情和为孩子所做的，并不是她预设好的，而让所有人都没有想到的是王志航的变化。

她原来身体非常不好，心情也很郁闷，只想就这样挨过剩下的余生。用她的话讲,"活一天是一天吧"。是2008年的地震，让她知道比她更悲惨的是那些残儿和孤儿。她发现可以用余生为孩子们做一点事。按照王志航的"绿丝带一对一爱心援助计划"，每月给每个孩子的援助是三四百元，虽然按照现在的物价水平，这些钱并不多，但王志航觉得，这更多的还是为了传递爱。

北川中学，曾经在5·12地震中损失惨重，如今，在四川长虹培训中心临时搭建起的北川中学校园里，一切的教学活动都在正常进行着，只有教室外放着的轮椅还提醒我们孩子们曾经经历的伤痛。

这些在地震中伤残的孩子，被王志航亲切地称为"绿丝带宝贝"，从5·12大地震之后，王志航就一直照顾着他们。并开始和朋友们发起"绿丝带一对一爱心援助计划"，寻找爱心家庭与伤残的孩子建立直接联系，进行长期的援助。到目前，王志航已经帮助将近70个在地震中伤残的孩子找到了爱心援助家庭。

"我以为我是去爱他们，却被他们涤荡了灵魂，我想会一直这样做下去的。我们的每一个孩子都是强者，他们对生命的热爱深深震撼着都市里那些无病呻吟的成年人。如果全社会能有更多的人对他们给予持续的关注，那孩子们才算是真的过上了幸福的生活。"王志航这样评价她的志愿者工作。

王志航说："一个我最好的女朋友说，'好奇怪，怎么地震以后你生物钟都改了，早晨8点就醒了，就去医院照顾孩子'，以前我都睡到中午一两点钟才起床的；第二个就是我不再玩麻将，而是把打麻将的时间拿去关爱孩子，把以前可能会输掉的钱拿去给孩子用，比起以前那样，现在这种生活更有意义！"